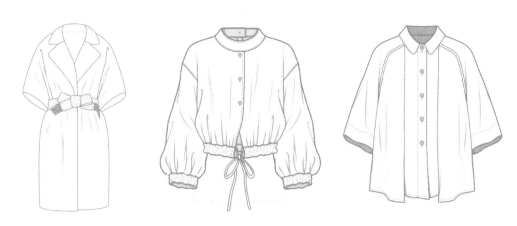

Illustrating Fashion

时装设计效果图手绘表现技法

升级版

唐伟（唐心野） 胡忧 孙石寒 / 编著

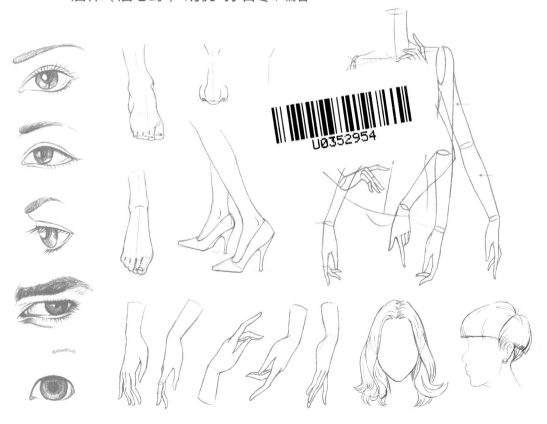

人民邮电出版社

北京

图书在版编目（CIP）数据

时装设计效果图手绘表现技法：升级版 / 唐伟，胡忧，孙石寒编著. -- 北京：人民邮电出版社，2018.1
ISBN 978-7-115-47255-7

Ⅰ．①时… Ⅱ．①唐… ②胡… ③孙… Ⅲ．①时装—绘画技法 Ⅳ．①TS941.28

中国版本图书馆CIP数据核字(2017)第304202号

内 容 提 要

本书主要讲解服装设计手稿的绘制，是一本理论与实践相结合的图书。全书从时装画与服装设计手稿对服装企业产品开发的重要性讲起，然后详细讲解了男性、女性和儿童的人体比例结构、动态选择和服装整体着装表现，服装企业设计中常见服装款式图的绘制方法及具体步骤，以及服装常见面料的手绘表现技法和服装整体搭配上色的效果图表现技法。附录中例举了实际工作中的服装设计版单，还详细讲解了服装设计师助理的工作职责和相应的服装设计开发的培训内容，帮助初入行的新人设计师将所学与实际工作更好地衔接，顺利实现从学生到设计师的过渡。

本书对品牌服装设计手稿进行了分类和分析阐述，同时也展示了品牌服装企业在设计过程中的真实案例，既可以作为服装设计院校培养服装设计师的专业教材，也可以作为广大服装设计从业者、爱好者的学习参考用书。

◆ 编　著　唐　伟（唐心野）　胡　忧　孙石寒
　　责任编辑　杨　璐
　　责任印制　陈　犇

◆ 人民邮电出版社出版发行　　北京市丰台区成寿寺路 11 号
　　邮编　100164　电子邮件　315@ptpress.com.cn
　　网址　http://www.ptpress.com.cn
　　北京捷迅佳彩印刷有限公司印刷

◆ 开本：880×1230　1/16
　　印张：14　　　　　　　　　　2018 年 1 月第 1 版
　　字数：353 千字　　　　　　　2018 年 1 月北京第 1 次印刷

定价：89.00 元

读者服务热线：(010)81055410　印装质量热线：(010)81055316
反盗版热线：(010)81055315
广告经营许可证：京东工商广登字 20170147 号

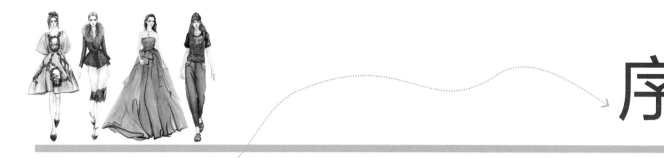

序

众所周知，现代服装工程大致是由服装款式设计、服装结构制图、服装工艺制作三大课程体系组成的，而"服装款式设计"在整个课程体系中扮演着举足轻重的角色。法国著名设计师伊夫圣罗兰曾说："时尚易逝，风格永存。"这句话深刻地说明了在快节奏、推崇时尚的当今社会，高效、可行的服装品牌设计手稿对于服装产品的开发越来越重要。服装买手、设计师及制板师之间的沟通零障碍，已经成为品牌服装企业产品开发的核心竞争力。服装款式设计手绘表现技法是服装学子们的基本技能之一，也是他们的必修课程之一。

伴着淡淡的墨香和色彩斑斓的图画，我有幸成为《时装设计效果图手绘表现技法（升级版）》的第一位读者，掩卷沉思之后，本书的鲜明特点在我脑海中一一呈现。

这本书主要讲解服装设计效果图手绘的技法，是一本理论与实践相结合的图书。从时装画与服装设计手稿对服装企业产品开发的重要性起笔，本书详细地讲解了男性、女性和儿童人体比例结构的整体着装表现，企业服装设计中常见的服装款式图绘制方法和步骤，最后讲解了常见的服装面料表现技法和服装款式整体搭配表现技法，这些内容几乎包括了前期服装款式设计的所有流程和所需要的技能。本书完成了对品牌服装设计手稿的分类及分析阐述，同时也展示了品牌服装企业在设计过程中的真实案例，其中有许多内容是目前国内服装款式设计专业图书和服装教科书所没有的。本书无论是对一般读者，还是对高等服装院校的学生及服装设计从业人员，都是非常实用、有效的教科书及工具书。

在书中，作者对时装画手绘表现技法及从局部到整体的构成原理都做出了非常详细的步骤讲解和演示。其中值得一提的是，作者对服装手绘款式图的绘制方法始终采用以"服装立体裁剪的人台"为原型，在自创的"心野母型"款式图模板上进行服装款式绘画与设计，这种具有科学性、准确性，高效、快捷的方法大大提高了服装设计初学者对款式设计的把握。

在与作者的沟通中，我了解到作者之所以能写出具有较高水准的书有两点原因。第一，作者具有丰富的理论知识和服装企业实践经历，是较强的的实践动手能力和技术应用能力相结合的"双师型"教师。作者从企业一线服装设计师到高校教师的经历，使其能够从设计师、教师和学生的角度出发，编写出一本专业性、特色优势突出的教材。第二，本书的大部分编写成员由全国高等学校教学一线的中青年教师组成，他们大多是全国各高校服装类专业的教师，具有广泛的代表性。他们思想开放，精力充沛，功底扎实，技艺精湛，是一支专业和人文素养都很高的优秀团队。

这本书的出版对我国服装设计教育和服装产业界来说无疑是一件幸事，从《时装设计效果图手绘表现技法》到《时装设计效果图手绘表现技法（升级版）》，作者前后花了6年的时间才创作完成。作者这种不懈追求的精神是非常令人钦佩和值得赞赏的。我期盼这本书的出版能为实现我国职业院校服装设计专业教育的培养目标产生积极的推动作用。

株洲市工业中等专业学校 校长

2017年7月

本书编委会

目录

03

服装手稿款式图绘制基础 /052

04

服装款式图手绘方法 /068

05

服装面料手绘方法 /128

06

服装手稿实例表现 /150

FASHION PICTURE

01

时装画与服装设计手稿概述

时装画对于大众来说是一种独特的欣赏艺术，而对于服装设计师来说却是灵感的捕捉。
服装设计手稿属于时装画的范畴，但又区别于时装画的用途，时装画更多的时候是追
求画面的艺术气氛与视觉效果，服装手稿更多的时候是指导样衣制作。

1.1 时装画

1.1.1 时装画概述

时装画是以绘画为基本手段，通过艺术手法表现出来的服装造型画面效果，也是对当下生活状态积淀的一种形象化的表述。时装画表现技法众多，如水墨画法、淡彩画法、素描画法、单线画法和不同工具材质的画法等。时装画的表达应在科技文化、审美取向和流行元素等不同时代背景下，构思立意不断革新。

时装画是多元化、多重性的。从艺术的角度，时装画强调绘画手法和表现形式，以及艺术感和审美价值；从设计的角度，时装画注重服装设计意图，以及服装色彩、面料和款式间的搭配。

1.1.2 时装画分类

● 时装设计草图

画时装设计草图可以帮助设计者捕捉灵感、迅速记录设计构思，从而简洁明快地表达出设计意图。

通常画时装设计草图并不追求画面视觉效果，而是抓住时装的关键细节和主要特征进行描绘。用铅笔或水性笔在稿纸上概括性地勾勒出时装后，粗略地绘入几种色彩或直接贴入面料，并结合文字说明记录当时的构思。画时装设计草图一般会省略或简单地勾勒人体动态，将时装作为主要表现对象。

● 时装效果图

时装效果图有写意风格和写实风格，可以将时装按照设计构思，生动、形象地表现出来。画时装效果图，要求人体动态和服装款式搭配协调，以及发型和服装搭配协调，并且一般需要表现出服装的面料质感、色彩搭配和人物情感等。

写意风格： 抓住时装设计构思的主题，将设计图按形式美法则进行适当的变形和夸张等艺术处理。运用特别的绘画技法和材料将设计作品以装饰的形式表现出来，以突出画面视觉效果和情感艺术氛围。

写实风格：注重表现服装本身的面料质感和描绘细节，从而追求逼真的时装效果。设计师需要掌握一定的服装工艺知识并具有较强的手绘能力。

- 时装广告画与插图

时装广告画与插图是指为某时装品牌、时装产品、流行预测或时装活动而专门绘制的时装画，常出现在报刊、杂志、橱窗、招贴等处，起媒介宣传作用。时装广告画与插图注重艺术性，强调艺术形式对主题的渲染作用。

1.2 服装设计手稿

服装设计手稿分为款式图手稿和效果图手稿两大类，主要包括服装效果图、服装款式图、参照样图、齐色搭配表、面辅料小样、细节放大图、尺寸标注和工艺说明等内容。服装公司的设计手稿一般以两种形式出现，一种是款式图手稿，另一种是效果图与款式图相结合的手稿。

1.2.1 服装款式图手稿

服装款式图手稿（也称服装平面图或服装工艺结构效果图手稿）不但在款式设计的构思与设计细节、结构、工艺等方面起说明和指示等重要作用，而且在服装设计及生产、流通过程中的多个环节起沟通作用，如服装各部位的尺寸的加放、细节制作的处理等。在一定程度上，服装款式图是服装设计实现过程中的主要交流载体。因而无论使用哪一种方式来表现服装款式，都必须以人体比例作为绘制的依据。常见的服装款式图手稿表现方法有模板参考法、肩宽比例法、人体比例法等。

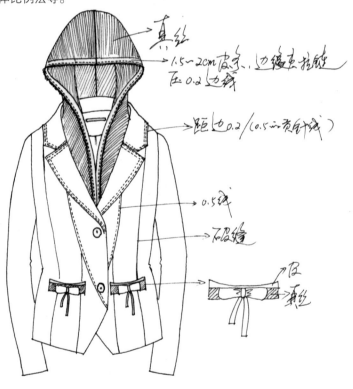

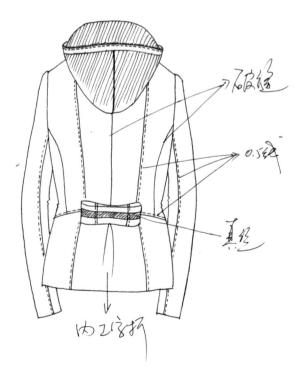

1.2.2 服装效果图与款式图相结合的手稿

　　绘制服装效果图与款式图相结合的手稿属于时装画的范畴，是时装品牌设计师常用的一种表现手法，也是服装公司里设计师、制板师和样衣师之间沟通交流的语言和媒介。它具有款式结构表现清楚、面料搭配准确、细节工艺加以文字说明作为补充等特点。一般采用正面效果图和背面款式图相结合的方法，以单线手绘或辅助上色等方式来表现服装设计手稿。

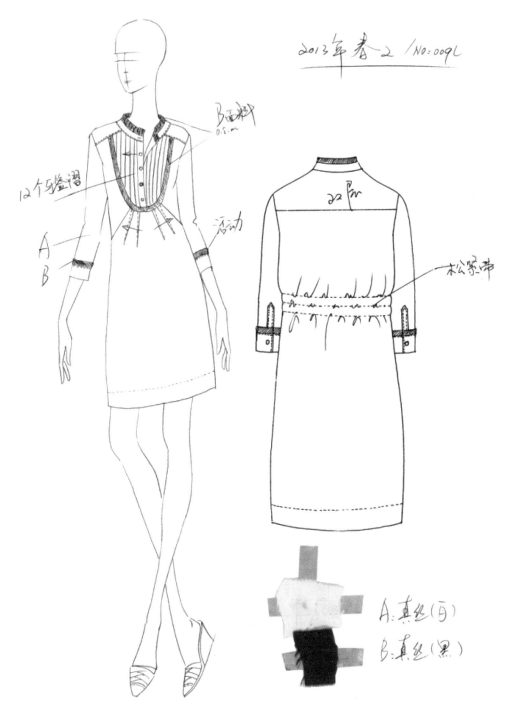

FASHION PICTURE

02

服装手稿绘制基础

服装手稿的绘制必须具备扎实的基础知识，因此学习和掌握服装手绘工具是进行服装手稿绘制的前提；具有对人体比例的正确认识并可以正确表达，是服装手稿绘制的关键。

2.1 绘制工具及材料

2.1.1 工具类

● 防水勾线笔

　　用于服装款式图、服装手稿的线稿描边，一般选用0.15mm或0.2mm的黑色、灰色和棕色勾线笔。(通常黑色用于服装结构、服饰品和眼睛的勾线；灰色用于头发和眉毛的勾线；棕色用于皮肤色的勾线。)

笔幅对照表

003	003	笔幅：0.15mm
005	005	笔幅：0.2mm
01	01	笔幅：0.25mm
02	02	笔幅：0.3mm
03	03	笔幅：0.35mm
04	04	笔幅：0.4mm
05	05	笔幅：0.45mm
08	08	笔幅：0.5mm

● 自动铅笔和笔芯

　　用于服装手稿的线稿绘制，一般选用0.3mm或0.5mm的铅芯，方便携带并且适合在办公环境使用。

● 马克笔

　　用于服装手稿快速上色表现，一般选用双头软头油性马克笔。软头的优点是易于控制出水，而且笔触感和色彩叠加会自然很多。

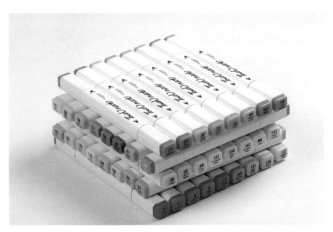

● 上色画笔

用于服装手稿的着色表现，一般选用吸水效果较好的尖头毛质水彩笔。水彩笔的笔头按材质分为尼龙、松鼠毛、狼豪、羊毛等，笔头材质不同，保水性和弹性也不同。笔头按形状分为圆头、尖头、平头等，形状不同用法也不同。笔头按大小将型号分为小、中、大等，以数字标识型号，通常大号笔用来铺色，小笔号笔用来刻画细节。

● 高光笔和高光墨水

用于时装画细节刻画时提亮服装高光部分。高光笔通常选用0.6mm或0.7mm的金色、银色、白色笔芯。高光墨水覆盖力强、亮度高。

2.1.2 材料类

● A4复印纸

普通办公用纸（尺寸为210mm×297mm），用于绘制款式图或服装设计手稿。

水彩纸

用于绘制服装手稿着色效果，一般选用纸面白净，中性无酸，吸水性适中，不易因重复涂抹而破裂、起毛球的棉浆材质的纸张。水彩纸按成分可以分为木浆纸、棉浆纸；按纸面粗糙程度分为细纹、中粗、粗纹；按克重（以每平方米为单位）分为150g、160g、200g、300g等，克重越大代表纸张越厚。（笔者常使用300g细纹棉浆纸。）

调色盘和水桶

用于调和颜料与清洗画笔，一般选用瓷质调色盘与小巧方便的水桶。（瓷质调色盘比塑料调色盘易于清洁，颜料不会渗透进调色盘里。）

颜料

颜料套装分为固体和管装两类，有12色、24色、36色、48色等。（笔者习惯选择颜料细腻、扩散性好，明亮度、鲜艳度、透明度较好的管装水彩颜料。）

橡皮和刷子

橡皮用于修改线稿的错误，一般选用2B以上型号。刷子用于擦净橡皮渣。

其他辅助工具

辅助工具主要有直尺、双面胶、剪刀、复写板。直尺用于绘制服装款式图中的直线条，一般选用20cm的直尺。双面胶、剪刀、复写板用于制作"心野母型"（一种画服装款式图的模板工具）模板，复写板应选用塑料片板。

2.2 男性、女性和儿童的人体结构比例

　　画人体之前，首先需要了解人体的结构比例关系。在服装手稿绘画中，人体身高一般以头长为单位，即头顶到下巴的长度为1个头长。正常的成年人的人体一般为7~7.5个头长，而服装手稿中的人体一般为8~9个头长，其目的是追求服装在视觉上的美观与协调。

2.2.1 男性的人体结构比例

　　男性人体的肩宽略大于2个头宽，腰宽略大于1个头长，臀宽约等于2个头宽，正侧面脚长为1个头长。当男性的手臂自然下垂时，肘关节位与腰部平齐，腕关节位与胯部平齐，手部中指指尖与大腿中部齐平。

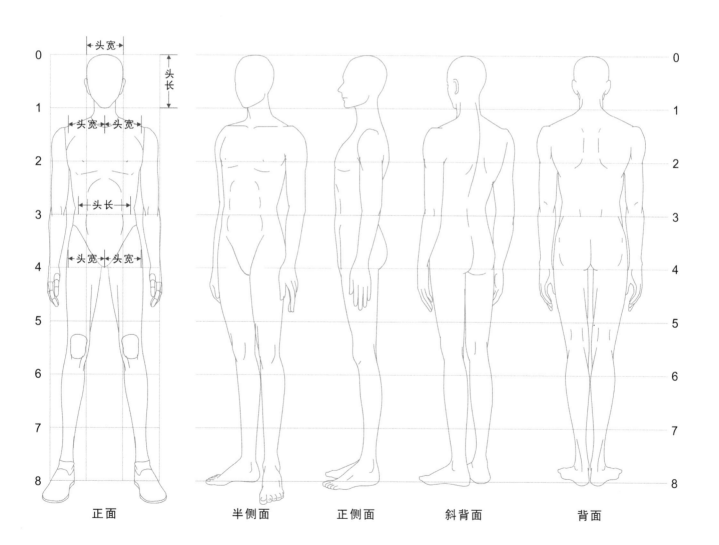

| 正面 | 半侧面 | 正侧面 | 斜背面 | 背面 |

2.2.2 女性的人体结构比例

女性人体的肩宽为2个头宽，腰宽略小于1个头长，臀宽略大于2个头宽，正侧面脚长为1个头长。当女性的手臂自然下垂时，肘关节位与腰部平齐，腕关节位与胯部平齐，手部中指指尖与大腿中部齐平。

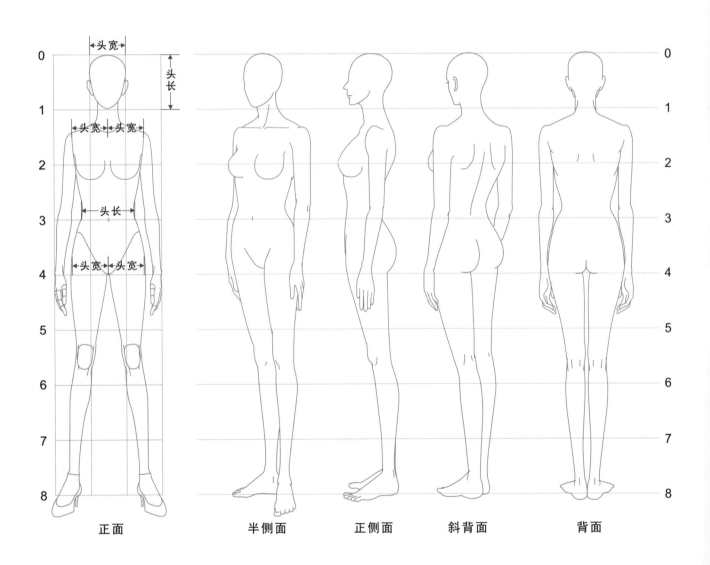

正面　　　　　半侧面　　　　　正侧面　　　　　斜背面　　　　　背面

2.2.3 男性人体和女性人体的比较

男性人体和女性人体的身长比例虽然相同，但仍存在男性人体比女性人体要宽一些，男性人体四肢强壮并且肌肉明显而女性人体体形苗条并且肌肉不明显，男性人体的肩宽大于臀宽而女性人体的肩宽几乎与臀部相同等差异。

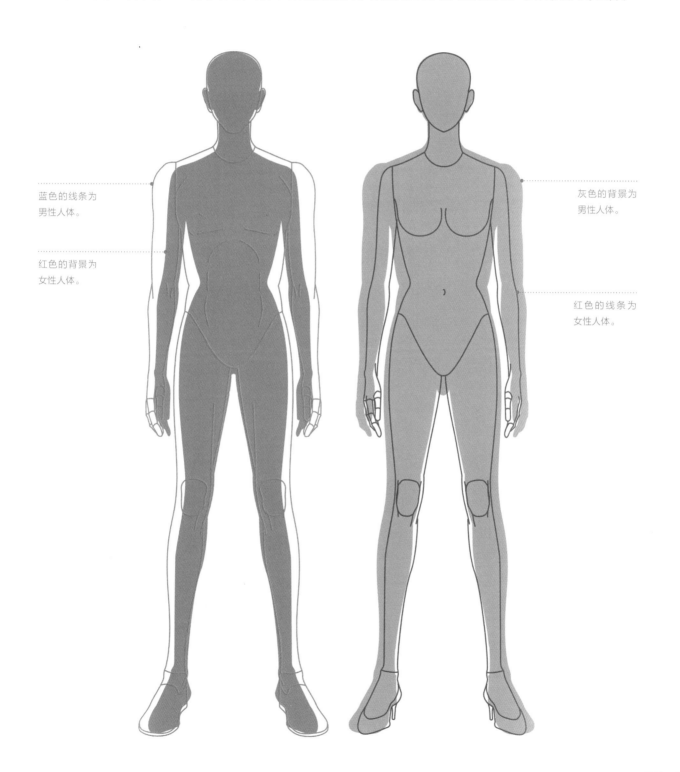

蓝色的线条为
男性人体。

红色的背景为
女性人体。

灰色的背景为
男性人体。

红色的线条为
女性人体。

2.2.4 儿童的人体结构比例

小于16岁的孩子都称为儿童，儿童又可以细分为婴童（0~1岁）、幼童（1~3岁）、小童（4~6岁）、中童（7~12岁）和大童（13~16岁）。幼童的人体为4个头长、小童的人体为5个头长、中童的人体为6个头长、大童的人体为7个头长。

小童人体的肩宽为1个头长，腰宽略小于1个头长，臀宽略大于1个头长。当小童的手臂自然下垂时，肘关节位与腰部齐平，腕关节位高于胯部，手部中指指尖高于大腿中部。

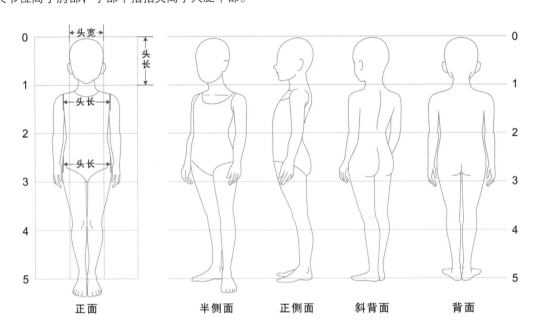

正面　　　　　　半侧面　　　　正侧面　　　　斜背面　　　　背面

儿童在成长过程中头部的增长是缓慢的，而腿部的增长却很明显并且有规律。仔细观察会发现幼童的腿长为1.5个头长，小童的腿长为2个头长，中童的腿长为2.5个头长，大童的腿长为3.5个头长。

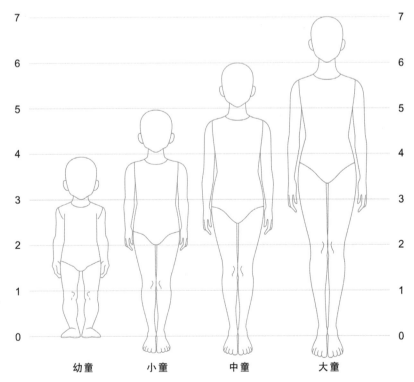

幼童　　　　小童　　　　中童　　　　大童

2.3 人体局部的手绘方法

2.3.1 头部的手绘方法

● 五官在脸部的位置

美学家用黄金切割法分析正面五官比例，以"三庭五眼"为标准。

三庭：指脸的长度比例，将脸的长度分为3等份，分别是从前额发际线至眉骨，从眉骨至鼻底，从鼻底至下颏，各占脸长1/3。

五眼：指脸的宽度比例，以眼睛长度为单位，将脸的宽度分为5等份。从左侧发际至右侧发际，为5只眼睛的宽度，两只眼睛之间有一只眼睛的间距，两眼外侧至两侧发际各为一只眼睛的间距。

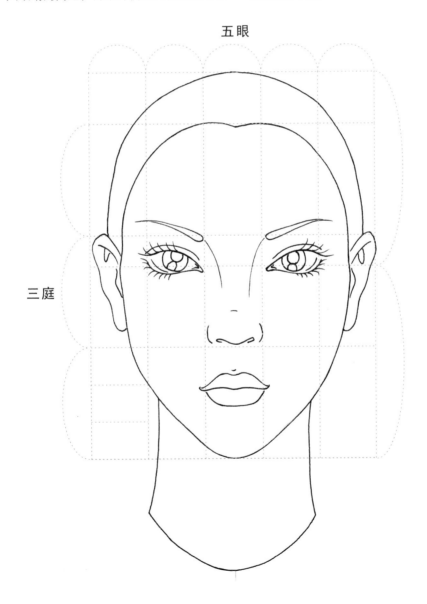

五眼

三庭

● 眼睛的手绘方法

眼睛是"心灵之窗"，在画时装画时可以通过眼睛的变化来表达人物的内在情感，这也是时装手稿中传达作品独特风格的一种表现。

男性、女性和儿童的眼部的形态特点非常明显，男性的眉毛粗黑，眼眶扁圆，习惯皱着眉头；女性的眉毛纤细而精致，为了使眼睛看上去更大、更美丽，女性习惯用眉笔修饰眼部；儿童的眉毛淡而短，眼眶接近于正圆形，眼珠几乎占满整个眼眶，有的孩子习惯将眼睛睁得很大。

男性、女性和儿童的眼睛在手绘中笔触不尽相同，但绘制步骤一样，其步骤大致可以分为4步。

01 画出眼眶的轮廓线，注意区别内眼角与外眼尾斜角的变化。

02 确定眼珠的位置并绘制眼眶的结构，注意眼珠应在眼眶内稍微偏上一点。

03 参照眼睛的位置确定眉毛的位置与形状。

04 刻画眼珠，加深瞳孔颜色并留出2~3个反光点，然后加深眼睑线，使其有深度感，接着修饰眉毛，使其符合脸部的形状。

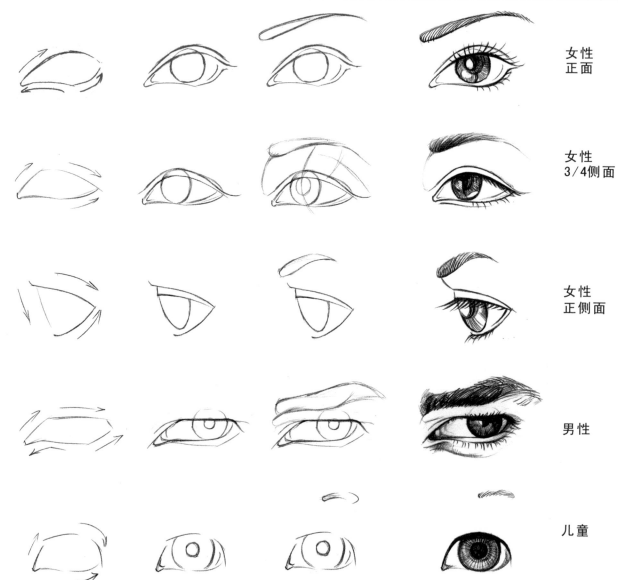

女性
正面

女性
3/4侧面

女性
正侧面

男性

儿童

● 嘴巴的手绘方法

嘴巴上下嘴唇的形状由颌骨及其上面的牙齿所形成的曲面决定，上唇呈扁平状，在中间的弧形凹槽处有明显的转折。

男性、女性和儿童的嘴巴在手绘中笔触不尽相同，但绘制步骤一样，其步骤大致可以分为3步。

01 用辅助线确定嘴巴的大小。

02 参照辅助线确定嘴巴外形轮廓。

03 刻画嘴唇和唇裂线等，完善嘴巴形状的绘制。

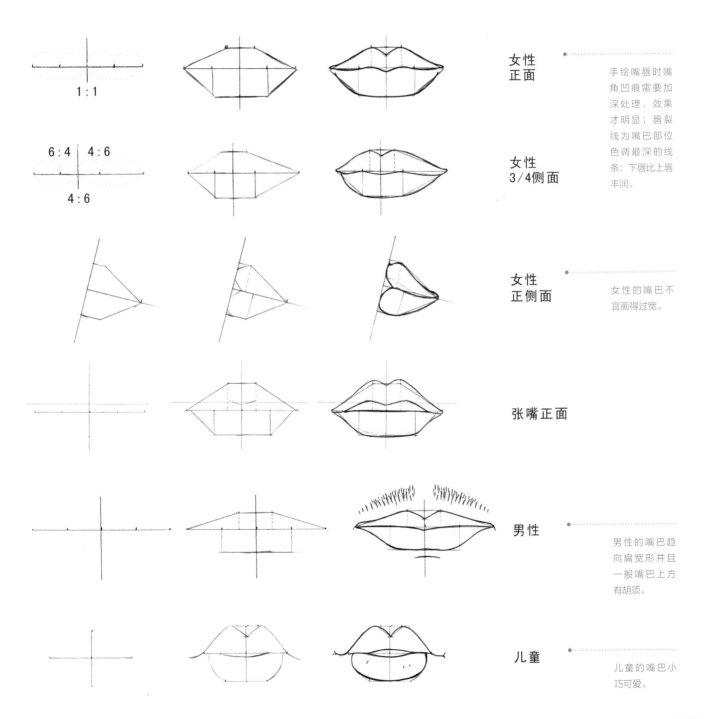

女性
正面

手绘嘴唇时嘴角凹痕需要加深处理，效果才明显；唇裂线为嘴巴部位色调最深的线条；下唇比上唇丰润。

女性
3/4侧面

女性
正侧面

女性的嘴巴不宜画得过宽。

张嘴正面

男性

男性的嘴巴趋向扁宽形并且一般嘴巴上方有胡须。

儿童

儿童的嘴巴小巧可爱。

鼻子的手绘方法

鼻子是由鼻根、鼻梁、鼻尖和鼻翼4部分构成的，近似于三角体，鼻翼下为鼻孔。男性的鼻子直挺、有型，鼻梁较高；女性的鼻子小巧、秀美；儿童的鼻子短而圆。

男性、女性和儿童的鼻子在手绘中笔触不尽相同，但绘制步骤是一样的，其步骤大致可以分为两步。

01 用辅助线确定鼻子的外形和大小。

02 参照辅助线描画出鼻根、鼻梁、鼻尖和鼻翼等，并完善鼻子的绘制。

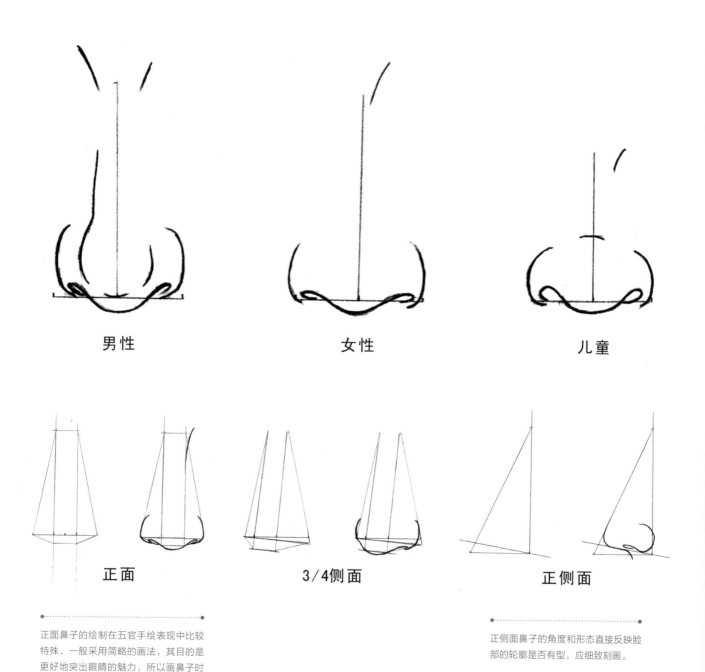

男性　　　　　　　　　　女性　　　　　　　　　　儿童

正面　　　　　　　　　3/4侧面　　　　　　　　正侧面

正面鼻子的绘制在五官手绘表现中比较特殊，一般采用简略的画法，其目的是更好地突出眼睛的魅力，所以画鼻子时应只表现鼻孔。

正侧面鼻子的角度和形态直接反映脸部的轮廓是否有型，应细致刻画。

● 耳朵的手绘方法

耳朵由耳轮、耳丘和耳垂组成，长度大约为一个鼻长，耳朵最高处与眉心平齐，耳根与鼻底平齐，最宽处相当于耳朵长度的一半。由于从正面看不到耳朵的全部，因此在五官造型中较为次要。

男性、女性和儿童的耳朵外形区别不大，其绘制步骤大致可以分为两步。

01 大致勾勒出耳朵的基本外形。

02 参照基本外形，刻画出耳朵的内部结构并完善耳朵的绘制。

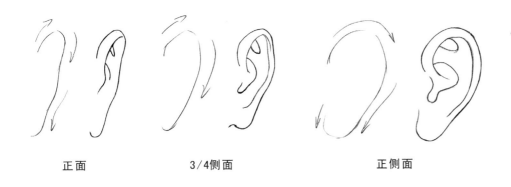

正面　　　　　　　　3/4侧面　　　　　　　　正侧面

由于手绘正面的头部是以眼睛和嘴巴为主，所以绘制耳朵通常采用简略的画法，只要概括地将耳轮和耳垂的基本结构表现出来即可。

● 脸形的手绘方法

在绘制脸形时，需要先了解五官在脸部的位置，然后根据"三庭五眼"的标准来确定脸形的长与宽，完美的正面脸形长和宽比例为6:4。男性和女性的脸形都有形状之分，人的脸形一般有7种，即圆形、正方形、长方形、三角形、倒三角形、菱形及椭圆形。

男性、女性和儿童的脸形在手绘中笔触不尽相同，但绘制步骤一样，其步骤大致可以分为3步。

01 借助直尺绘制出等分格，然后用定位点或线确定脸形的长与宽。

02 参照中心线及定位点、线，以绘制圆形和椭圆形的方式来确定脸部基本外形。

03 参照脸部基本外形，进一步刻画脸部轮廓并完善脸部的绘制。

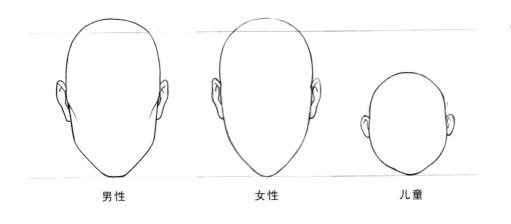

男性　　　　　　　女性　　　　　　　儿童

男性的脸形偏直线感，女性和儿童的脸形则偏曲线感；下巴的外形是区别男性、女性和儿童脸形最好的一种方式，男性的下巴较方，女性的下巴较尖，儿童的下巴短圆。

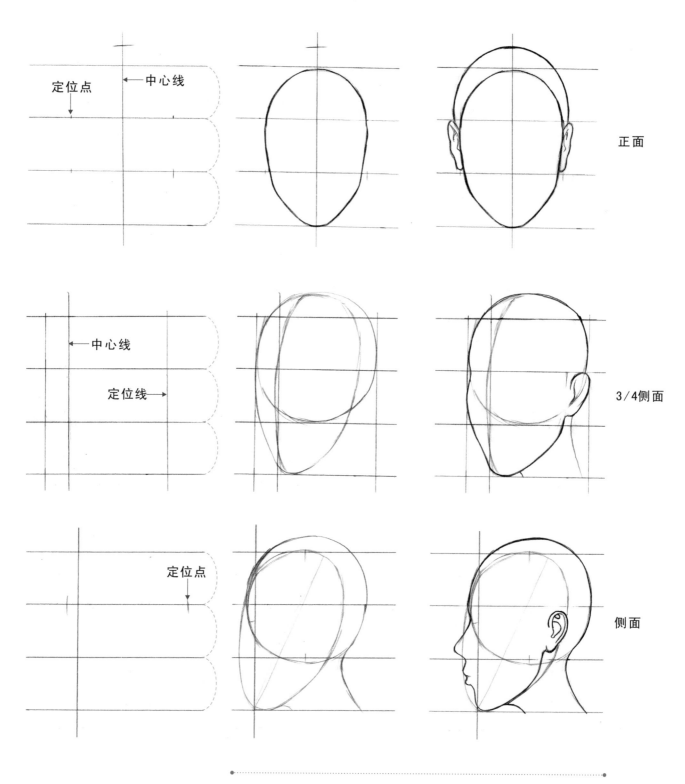

定位点

中心线

正面

中心线

定位线

3/4侧面

定位点

侧面

脸形可以决定一个人的着装风格，不同脸形有不同的服装搭配技巧，而这些技巧也可以很好地运用到服装手稿绘制中。选择女式职业服装为服装手稿主题时，可以采用直线感较强的脸形。

● 发型的手绘方法

　　脸形和头形是决定发型最重要的因素，而发型因其可塑性又可以修饰脸形和头形。绘制发型时应以椭圆形头形为参照依据，从而调整头发外形轮廓的不足。

　　男性、女性和儿童的发型在手绘中笔触不尽相同，但绘制步骤一样，其步骤大致可以分为两步。

01 参照头形描绘出发型的基本结构和轮廓。

02 刻画局部并完善发型的绘制。

盘发型　　　　　　　蓬松型

3/4侧面

短发型　　　　　　　长发型　　　　　　　正侧面

女性发型变化多样，选择不同风格的服装应搭配不同造型的发型来装扮。如可爱风格的发型搭配可爱、甜美的服饰，前卫风格的发型则搭配个性风格的服饰等。当然，在绘制服装手稿时也同样需要考虑发型对服装的影响。

男性发型　　　　　　　儿童发型

男性发型清爽、有型，儿童发型简洁、可爱。在练习中可以分别绘制一款常见的男性发型和儿童发型，根据不同的服装进行变化搭配。

2.3.2 四肢的手绘方法

● 手部的手绘方法

手部是由手掌和手指组成，手的骨骼由腕骨、掌骨和指骨组成，指骨由基节、中节和末节组成。绘制时应先确定手掌部分，并以体块来划分。掌部体块可以分为两部分，一部分是手背体块，即除拇指外的掌骨部分，手背体块外形近似于五边形，其背部基本为平面，四指掌骨略有隆起，中指尤为明显；另一部分是包括拇指掌骨、拇指球、拇指和食指间肌的拇指掌骨体块，这个体块的外形呈三角形，并有一定的厚度。

男性、女性和儿童的手部在手绘中笔触不尽相同，但绘制步骤一样，其步骤大致可以分为两步。

01 分析手部的动态，确定手掌和手指部位的基本结构线。

02 参照基本结构线，刻画腕部和手指局部并完善手部的绘制。

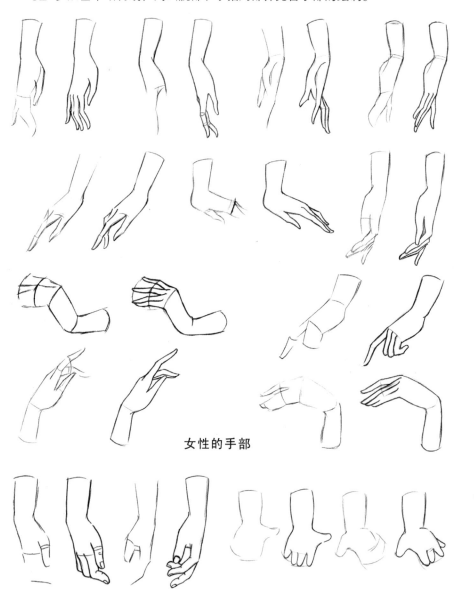

女性手掌相对男性手掌而言要窄和薄一些，并且手指细长。

女性的手部

男性的手掌较宽厚，手指较粗大；儿童的手掌有胖乎乎的感觉，手指较短胖。

男性的手部　　**儿童的手部**

● 手臂的手绘方法

手臂是人体各部位中活动幅度最大的部位。肩关节是上臂的活动中心点，肘关节是前臂的活动中心点，腕关节则是手的活动中心点。

人体腰部是画手臂时的重要参考位，手臂垂直放下时，肘关节与人体腰部齐平，在表现活动手臂时，可参考腰部位置来确定肘关节位置，进行手臂动态的绘画。

男性、女性和儿童的手臂在手绘中笔触不尽相同，但绘制步骤一样，其步骤大致可以分为3步。

01　用一根线条来确定手臂的动态线及上臂和前臂的长度。

02　参照手臂的动态线，绘制出手臂的基本结构和廓形。

03　参照基本结构和廓形，刻画上臂、前臂和手腕等部位的细节，并完善手臂的绘制。

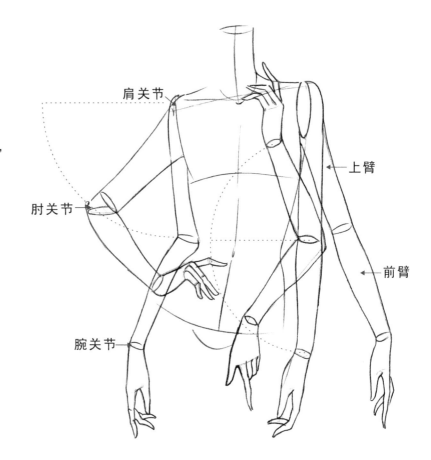

肩关节

上臂

肘关节

前臂

腕关节

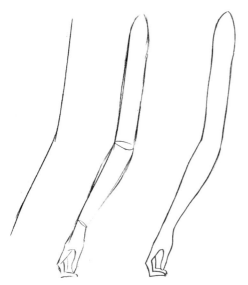

女性的手臂

女性的手臂肌肉感较弱，
手臂纤细、线条柔和。

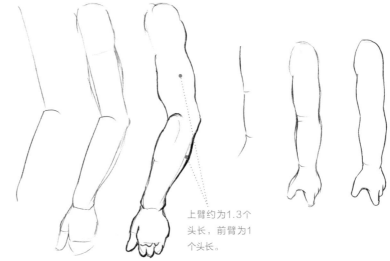

上臂约为1.3个
头长，前臂为1
个头长。

男性的手臂

男性的手臂肌肉感较强，
手臂较粗壮。

儿童的手臂

儿童的手臂有胖乎乎的感觉。

● 脚部的手绘方法

脚部由脚踝、脚跟、脚背和脚趾组成，外形呈前低后高、前宽后窄形，脚背呈拱形。脚的拇趾比其他四趾灵活并且粗大，可以将其他四趾看成一个独立体块来构图，长度由第二趾向小趾递减，小趾向其他脚趾并拢。画脚部时应注意内脚踝高于外脚踝，脚外侧的肉垫较厚实，形成脚部外弧的边缘，使脚的外形饱满而有张力。

男性、女性和儿童的脚部在手绘中笔触不尽相同，但绘制步骤一样，其步骤大致可以分为两步。

01 用几何图形确定脚部的基本外形和动态。

02 参照脚部的基本外形和动态，刻画出脚踝、脚跟、脚背和脚趾等部位的细节，并完善脚部的绘制。

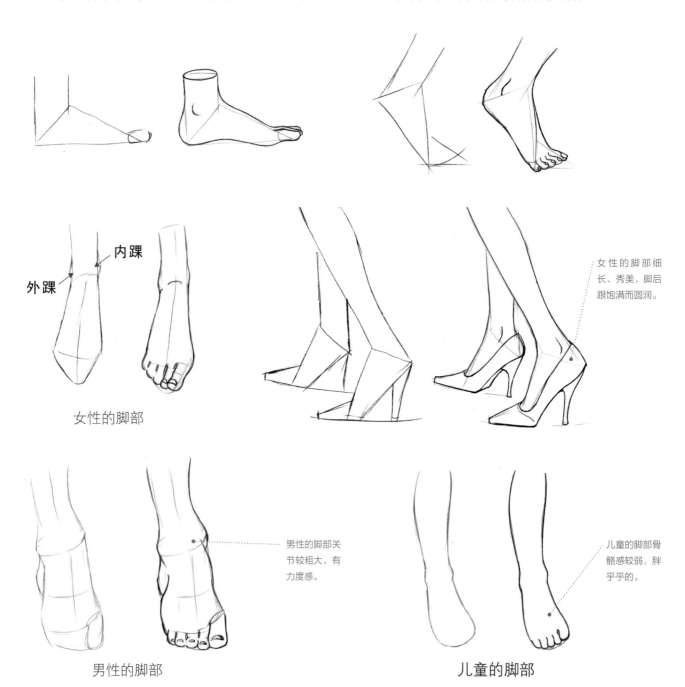

内踝

外踝

女性的脚部

女性的脚部细长、秀美，脚后跟饱满而圆润。

男性的脚部关节较粗大，有力度感。

儿童的脚部骨骼感较弱，胖乎乎的。

男性的脚部

儿童的脚部

● 腿部的手绘方法

腿部呈上粗下细的圆柱形，由大腿、膝关节和小腿组成。膝关节是影响人体动态和外形的重要支点，并连接大腿和小腿，使腿部进行弯曲运动。腿部的姿态对人体重心是否稳定起着决定性的作用。通常先绘制重心腿（即支撑身体的腿），再绘制另外一条腿（姿态腿），确定重心腿后，姿态腿可以随意变化摆放姿态。

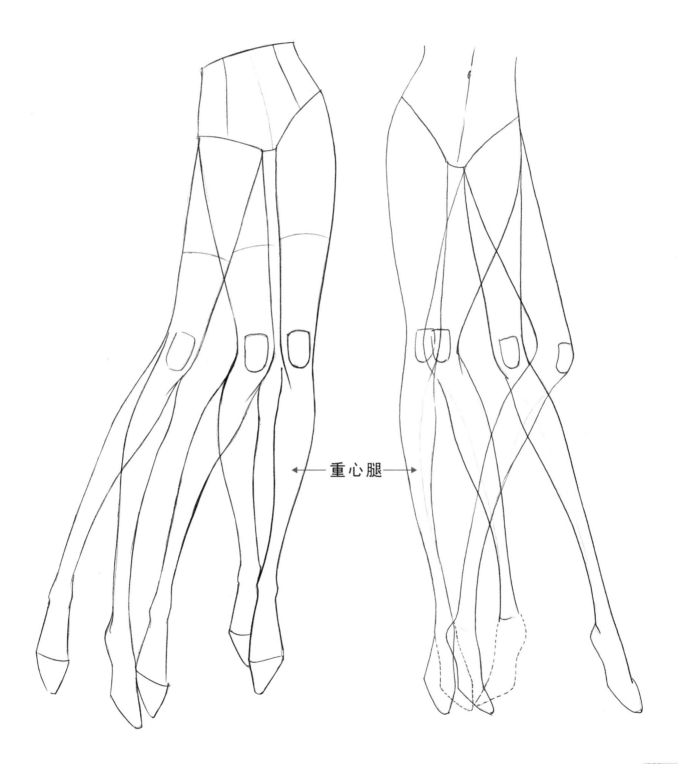

重心腿

男性、女性和儿童的腿部在手绘中笔触不尽相同，但绘制步骤一样，其步骤大致可以分为3步。

01 用直线确定腿部的长度和动态线。

02 参照腿部的动态线，确定腿部的基本外形。

03 参照腿部的基本外形，刻画出大腿、膝关节和小腿等，并完善腿部的绘制。

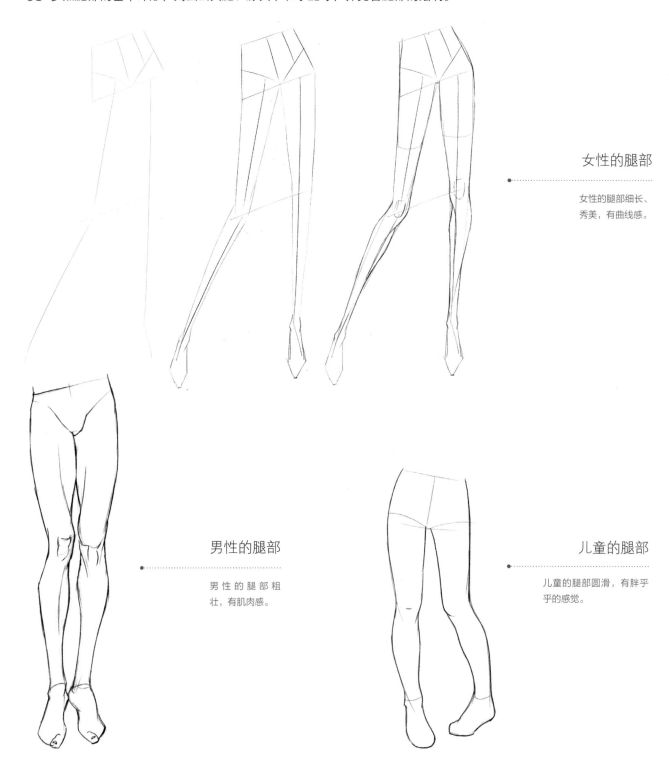

女性的腿部

女性的腿部细长、秀美，有曲线感。

男性的腿部

男性的腿部粗壮，有肌肉感。

儿童的腿部

儿童的腿部圆滑，有胖乎乎的感觉。

2.4 男性、女性和儿童人体的手绘方法

2.4.1 男性人体的手绘方法

● 正面人体

01 用铅笔在画面上轻轻点出9个等分的标记点，然后参照等分标记点，绘制出头、脖子、肩宽线和人体动态线。

02 参照肩宽线和等分标记点，绘制出胸线、腰线和胯部线，然后将胸腔看作倒梯形，将胯部看作正梯形，完成人体躯干的绘制。

03 参照等分标记点和重心标记点绘制出腿部和脚部结构，完成人体下身的绘制。

04 参照腰部、胯部和大腿中部，完成人体手臂和手的绘制。

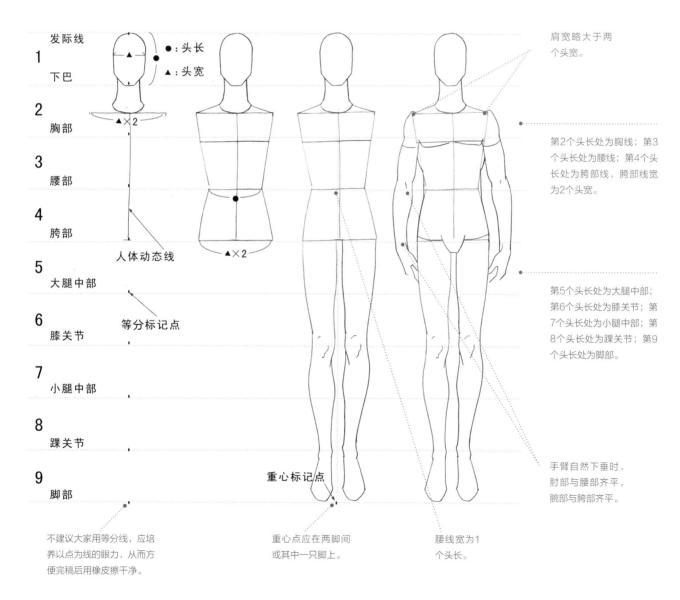

发际线
1
下巴
2
胸部
3
腰部
4
胯部
5
大腿中部
6
膝关节
7
小腿中部
8
踝关节
9
脚部

●：头长
▲：头宽

人体动态线

等分标记点

重心标记点

肩宽略大于两个头宽。

第2个头长处为胸线；第3个头长处为腰线；第4个头长处为胯部线，胯部线宽为2个头宽。

第5个头长处为大腿中部；第6个头长处为膝关节；第7个头长处为小腿中部；第8个头长处为踝关节；第9个头长处为脚部。

手臂自然下垂时，肘部与腰部齐平，腕部与胯部齐平。

不建议大家用等分线，应培养以点为线的眼力，从而方便完稿后用橡皮擦干净。

重心点应在两脚间或其中一只脚上。

腰线宽为1个头长。

3/4侧面人体

01 用铅笔在画面上轻轻点出9个等分的标记点，然后参照等分标记点，绘制出头、脖子、肩宽线和人体动态线。

02 参照肩宽线和等分标记点，绘制出腰线和胯部线，然后将胸腔看作倒梯形，将胯部看作正梯形，完成人体躯干的绘制。

03 参照等分标记点和重心标记点绘制出腿部和脚部结构，完成人体下身的绘制。

04 参照腰部、胯部和大腿中部，完成人体手臂和手的绘制。

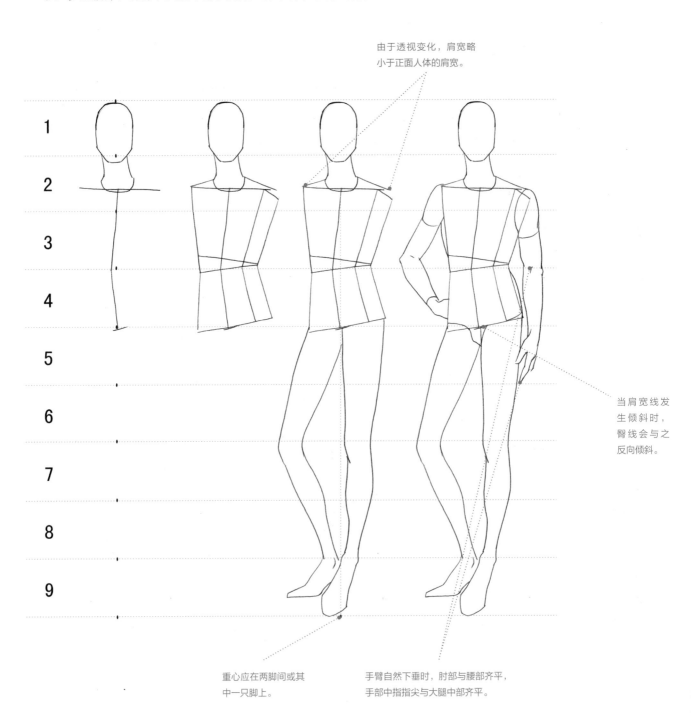

由于透视变化，肩宽略小于正面人体的肩宽。

当肩宽线发生倾斜时，臀线会与之反向倾斜。

重心应在两脚间或其中一只脚上。

手臂自然下垂时，肘部与腰部齐平，手部中指指尖与大腿中部齐平。

正侧面人体

01 用铅笔在画面上轻轻点出9个等分的标记点，然后参照等分标记点，绘制出头、脖子、肩宽线和人体动态线。

02 参照肩宽线和等分标记点，绘制出胸线、腰线和胯部线，然后将胸腔看作倒梯形，将胯部看作正梯形，完成人体躯干的绘制。

03 参照等分标记点和重心标记点绘制出腿部、脚部结构，完成人体下身的绘制。

04 参照腰部、胯部和大腿中部，完成人体手臂和手的绘制。

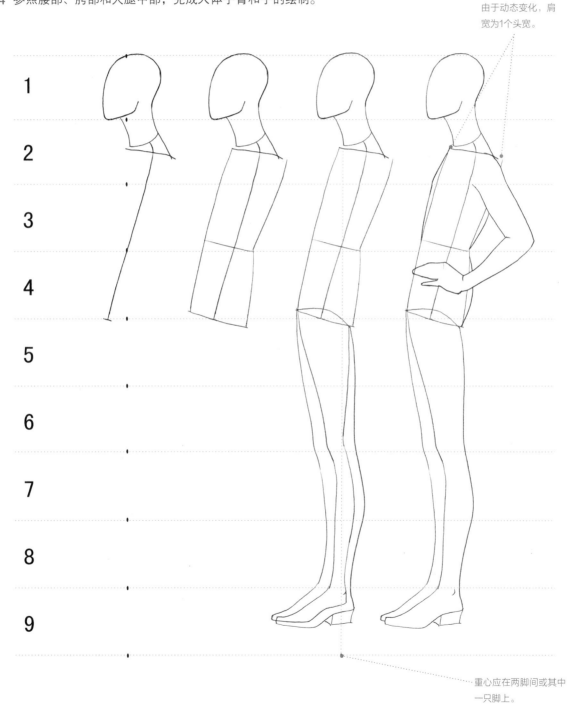

由于动态变化，肩宽为1个头宽。

重心应在两脚间或其中一只脚上。

2.4.2 女性人体的手绘方法

● 正面人体

01 用铅笔在画面上轻轻点出9个等分的标记点，然后参照等分标记点，绘制出头、脖子、肩宽线和人体动态线。

02 参照肩宽线和等分标记点，绘制出胸线、胸底线、腰线和胯部线，然后将胸腔看作倒梯形，将胯部看作正梯形，完成人体躯干的绘制。

03 参照等分标记点和重心标记点绘制出腿部和脚部结构，完成人体下身的绘制。

04 参照腰部、胯部、大腿中部，完成人体手臂和手的绘制。

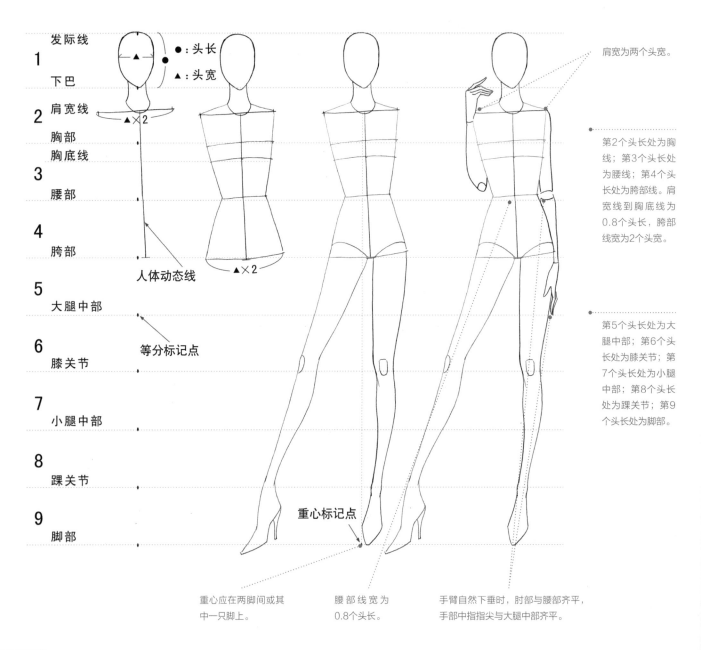

发际线
1
下巴

2 肩宽线
胸部
胸底线
3
腰部

4
胯部

5
大腿中部

6 膝关节

7
小腿中部

8
踝关节

9
脚部

● : 头长
▲ : 头宽

▲×2

人体动态线

▲×2

等分标记点

重心标记点

肩宽为两个头宽。

第2个头长处为胸线；第3个头长处为腰线；第4个头长处为胯部线。肩宽线到胸底线为0.8个头长，胯部线宽为2个头宽。

第5个头长处为大腿中部；第6个头长处为膝关节；第7个头长处为小腿中部；第8个头长处为踝关节；第9个头长处为脚部。

重心应在两脚间或其中一只脚上。

腰部线宽为0.8个头长。

手臂自然下垂时，肘部与腰部齐平，手部中指指尖与大腿中部齐平。

● 3/4侧面人体

01 用铅笔在画面上轻轻点出9个等分的标记点，然后参照等分标记点，绘制出头、脖子、肩宽线和人体动态线。

02 参照肩宽线和等分标记点，绘制出胸线、胸底线、腰线和胯部线，然后将胸腔看作倒梯形，将胯部看作正梯形，完成人体躯干的绘制。

03 参照等分标记点和重心标记点绘制出腿部和脚部结构，完成人体下身的绘制。

04 参照腰部、胯部和大腿中部，完成人体手臂和手的绘制。

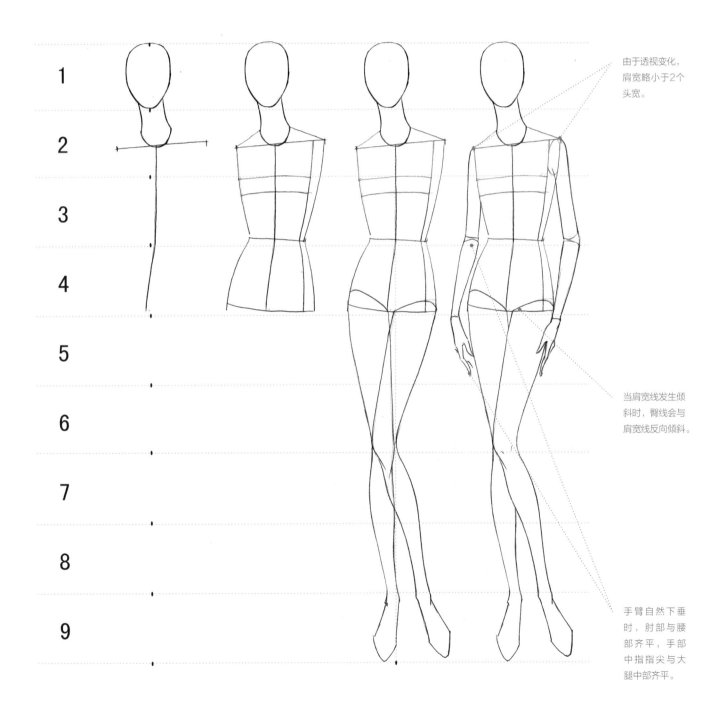

由于透视变化，肩宽略小于2个头宽。

当肩宽线发生倾斜时，臀线会与肩宽线反向倾斜。

手臂自然下垂时，肘部与腰部齐平，手部中指指尖与大腿中部齐平。

● 正侧面人体

01　用铅笔在画面上轻轻点出9个等分的记点，然后参照等分标记点，绘制出头、脖子、肩宽线和人体动态线。

02　参照肩宽线和等分标记点，绘制出胸线、胸底线、腰线和胯部线，然后将胸腔看作倒梯形，将胯部看作正梯形，完成人体躯干的绘制。

03　参照等分标记点和重心标记点绘制出腿部和脚部结构，完成人体下身的绘制。

04　参照腰部、胯部和大腿中部，完成人体手臂和手的绘制。

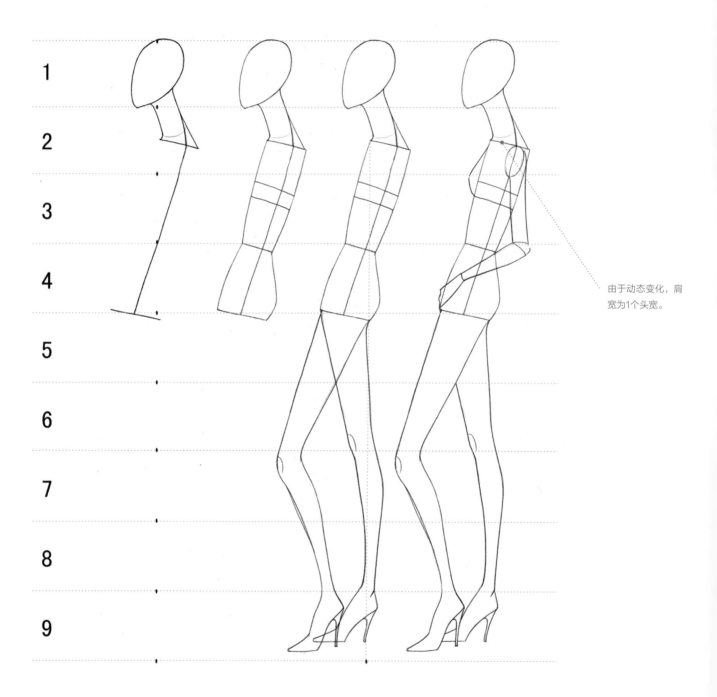

由于动态变化，肩宽为1个头宽。

2.4.3 儿童人体的手绘方法

● 正面人体（幼童）

01 用铅笔在画面上轻轻点出4个等分的标记点，然后参照等分标记点，绘制出头、脖子、肩宽线和人体动态线。

02 参照肩宽线和等分标记点，绘制出腰线和胯部线，然后将胸腔看作倒梯形，将胯部看作正梯形，完成人体躯干的绘制。

03 参照等分标记点和重心标记点绘制出腿部和脚部结构，完成人体下身的绘制。

04 参照腰部、胯部和大腿中部，完成人体手臂和手的绘制。

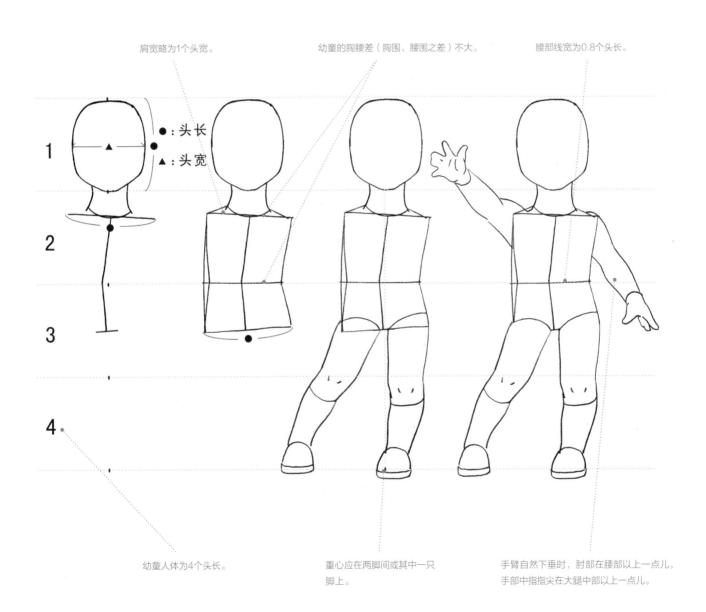

肩宽略为1个头宽。

幼童的胸腰差（胸围、腰围之差）不大。

腰部线宽为0.8个头长。

● : 头长
▲ : 头宽

幼童人体为4个头长。

重心应在两脚间或其中一只脚上。

手臂自然下垂时，肘部在腰部以上一点儿，手部中指指尖在大腿中部以上一点儿。

3/4侧面人体（小童）

01 用铅笔在画面上轻轻点出5个等分标记点，然后参照等分标记点，绘制出头、脖子、肩宽线和人体动态线。

02 参照肩宽线和等分标记点，绘制出腰线和胯部线，然后将胸腔看作倒梯形，将胯部看作正梯形，完成人体躯干的绘制。

03 参照等分标记点和重心标记点绘制出腿部和脚部结构，完成人体下身的绘制。

04 参照腰部、胯部和大腿中部，完成人体手臂和手的绘制。

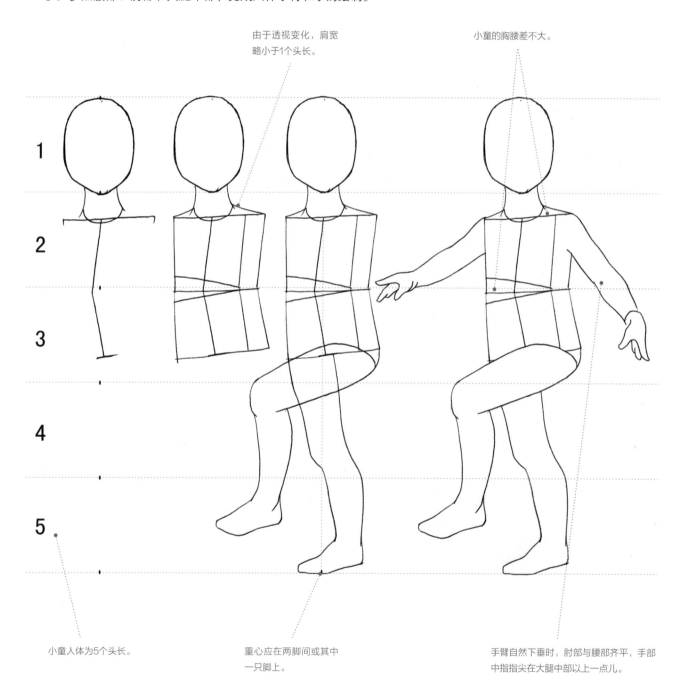

由于透视变化，肩宽略小于1个头长。

小童的胸腰差不大。

小童人体为5个头长。

重心应在两脚间或其中一只脚上。

手臂自然下垂时，肘部与腰部齐平，手部中指指尖在大腿中部以上一点儿。

● 正侧面人体（大童）

01 用铅笔在画面上轻轻点出7个等分标记点，然后参照等分标记点，绘制出头、脖子、肩宽线和人体动态线。

02 参照肩宽线和等分标记点，绘制出腰线和胯部线，然后将胸腔看作倒梯形，将胯部看作正梯形，完成人体躯干的绘制。

03 参照等分标记点和重心标记点绘制出腿部和脚部结构，完成人体下身的绘制。

04 参照腰部、胯部和大腿中部，完成人体手臂和手的绘制。

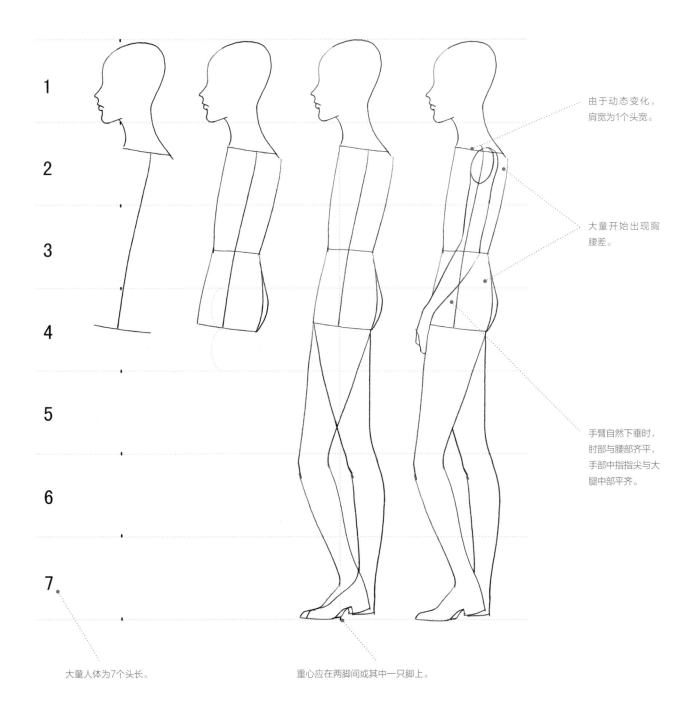

由于动态变化，
肩宽为1个头宽。

大童开始出现胸
腰差。

手臂自然下垂时，
肘部与腰部齐平，
手部中指指尖与大
腿中部平齐。

大童人体为7个头长。

重心应在两脚间或其中一只脚上。

2.5 人体动态变化的规律

  人体的肩线、胸线、腰线和胯部线是人体动态变化的主要依据；人体重心线则是人体动态平衡的主要依据。无论动态如何变化，都可以先确定出重心腿，一般以胯部线上提的方向为依据来确定重心腿是哪条腿。重心腿可以在确定动态平衡的状态下保持不变，另一条腿（姿态腿）可以随意变换姿态。手臂动态是为了配合腿部动态的变化，起到平衡动态重心与丰富动态的作用的，通常手臂叉腰动态会出现在胯部线上提的一边；头部动态变化适合各种人体动态表现，可以使人体更加生动。

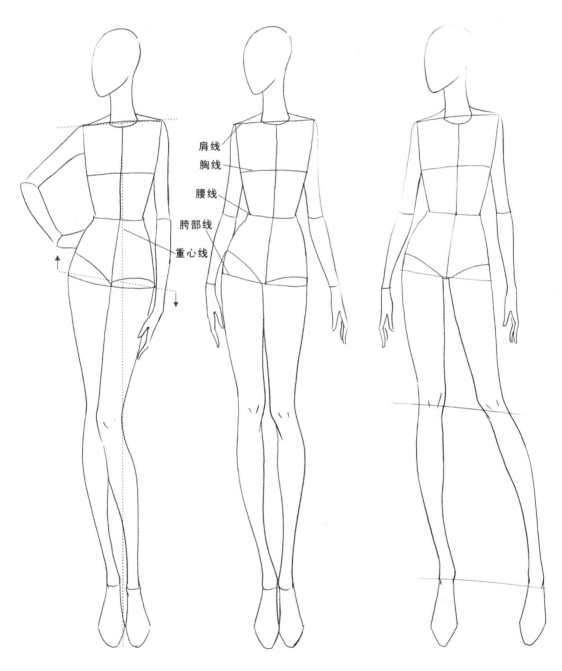

肩线
胸线
腰线
胯部线
重心线

2.6 服装着装的人体动态选择

　　由于不同服装有着不同的款式特征，所以需要选择不同的人体动态来表现服装手稿。如表现蝙蝠袖与V字款时可以选择手臂张开的人体动态，表现A字款与裤装时可以选择腿部张开的人体动态，表现礼服时可以选择优雅的人体动态等。下面，就一些常见的款式特征进行人体动态着装图例分析，以便看出哪种人体动态适合哪些服装款式。

2.6.1 蝙蝠衫的人体动态选择

　　蝙蝠衫主要是突出服装的袖形特征，在画服装手稿时需要充分展现袖形的变化，所以人体选择以手臂张开上扬的动态较为合适。

2.6.2 A字款的人体动态选择

　　A字款主要是突出服装的廓形特征，在画服装手稿时需要充分展现上小下大的廓形变化，所以人体选择以腿部张开的动态为宜。A字款属于活泼、可爱的风格，为充分体现服装的特征，应该选择活泼一些的人体动态来表现服装手稿。

2.6.3 V字款的人体动态选择

　　V字款主要是突出服装的廓形特征，在画服装手稿时需要充分展现上大下小的廓形变化，所以人体选择以手臂张开及腿部并拢的动态较为合适。

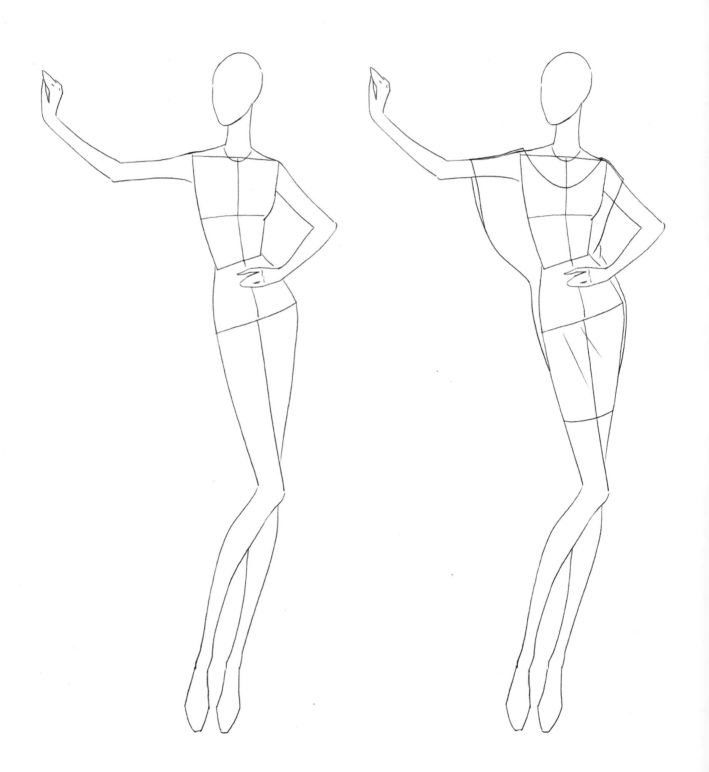

2.6.4 长裤装的人体动态选择

　　长裤装主要是突出裤装的廓形特征，在画服装手稿时需要充分展现两条裤腿的廓形变化，所以人体选择以腿部微微张开的动态较为合适。

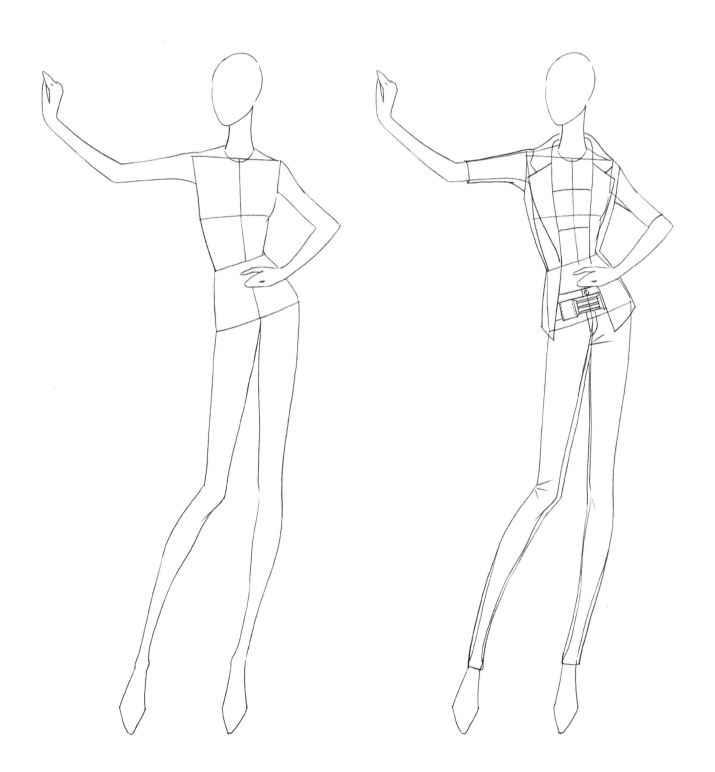

03

服装手稿款式图绘制基础

在进行具体的服装款式图绘制之前，有必要对服装款式的绘制方法和在绘制过程中需要注意的问题进行认真的学习与研究，这样才能做到胸有成竹、事半功倍。

3.1 "心野母型"的原理与常见的服装款式图手绘 方法

3.1.1 "心野母型"的原理及模板制作

"心野母型"是以标准的服装立体裁剪人台为原型，运用立裁标记线贴法得到领、胸、腰和臀围线点位，然后依据其点位数据加以修正出来的。"心野母型"既实用又快捷，是服装设计师在工作中常用的一种绘制款式图的方法，使用它能快速、准确地控制好服装款式图比例及各部位尺寸。

● "心野母型（上装）"的原理

01 以标准的84A立体人台（上装）为基本型，绘制出人台外廓形。

02 运用立体裁剪标记线的制作方法得到前后中心线、胸围线、腰围线、臀围线、领圈弧线和公主线。

03 依据身高160 cm的女性人体得到背长（后领线到腰围线的长度）为37 cm，后领线到臀围线的长度为55 cm。

04 依据人台上的标记线得到颈肩点位、胸围线点位、腰围线点位和臀围线点位。

05 依据各点位和人台的外廓形得到"心野母型（上装）"。

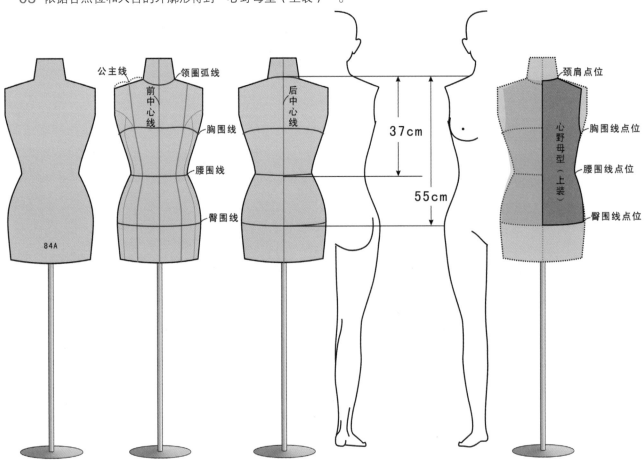

06 测量"心野母型（上装）"数据得到1:1比例的制图方法。

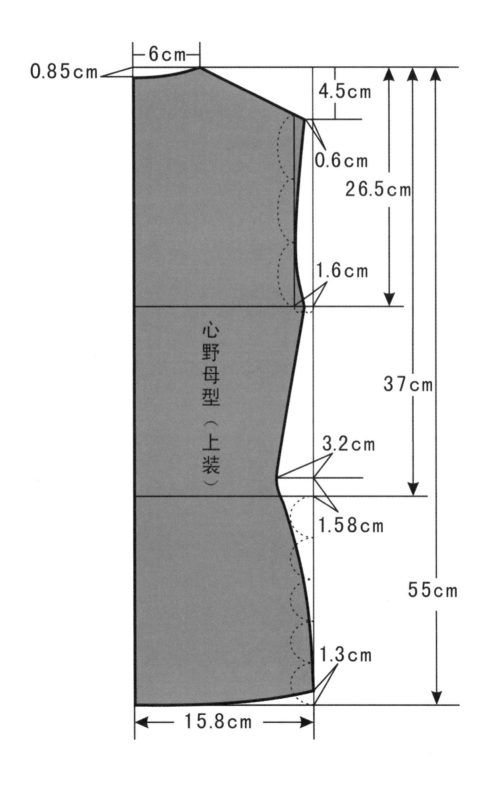

心野母型（上装）

- “心野母型（下装）”的原理

01 以标准的84A立体人台（下装）为基本型，绘制出人台外廓形。

02 运用立体裁剪标记线的制作方法得到腰围线和臀围线。

03 依据身高160 cm的女性人体得到腰围线到臀围线的长度为18 cm，裤长（腰围线到脚口的长度）为96 cm。

04 依据人台上的标记线得到腰围线点位和臀围线点位。

05 依据各点位和人台的外廓形得到“心野母型（下装）”。

06 测量“心野母型（下装）”数据得到1:1比例的制图方法。

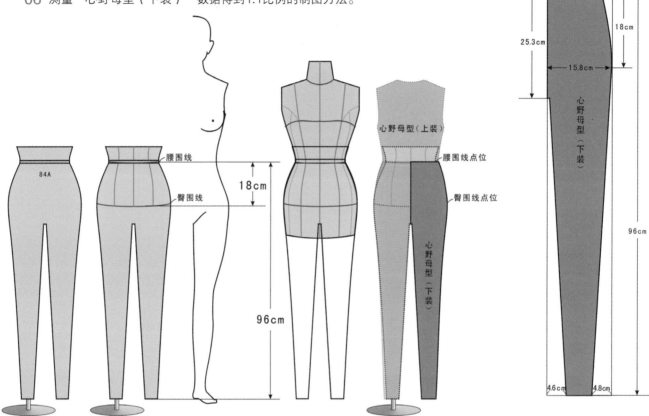

- “心野母型（下装）”的变化原理

因为有些裤型的款式效果比较活泼，所以需要将“心野母型（下装）”两脚口间的距离扩大，其展开步骤如下。

01 从臀围线点位向裤裆点位剪开。

02 以裤裆点位为中心顺时针适当旋转。

03 补齐并修顺臀围线点位处的线形，得到“心野母型（下装）”变化型。

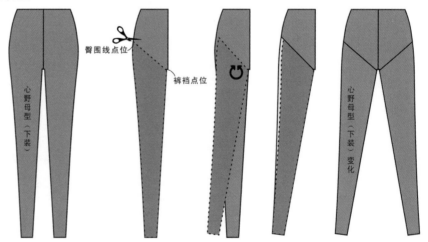

技术总结——"心野母型"模板数据

下方各图中的左图为"心野母型"1:1比例数据，下方各图中的右图为笔者示范所用的等比例缩小数据。

"心野母型（女上装）"模板数据

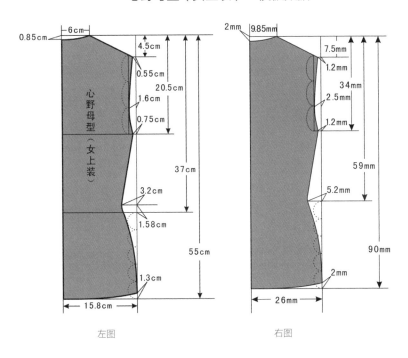

左图　　　　　右图

"心野母型（女下装）"模板数据

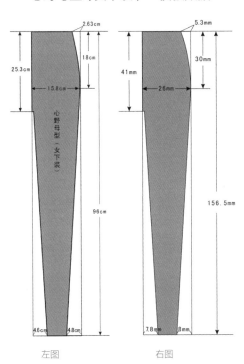

左图　　　　　右图

"心野母型（男上装）"模板数据

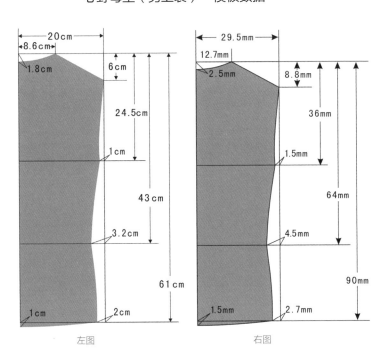

左图　　　　　右图

"心野母型（男下装）"模板数据

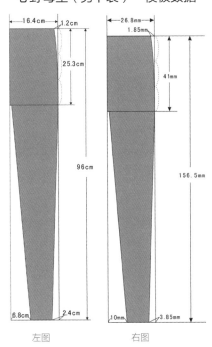

左图　　　　　右图

01　在A4纸张上按适合比例绘制出"心野母型"模板，然后将A4纸张上的"心野母型"对折后用剪刀剪下来。

02　用双面胶或透明胶将从A4纸张剪下来的"心野母型"黏贴在塑料复写板上。

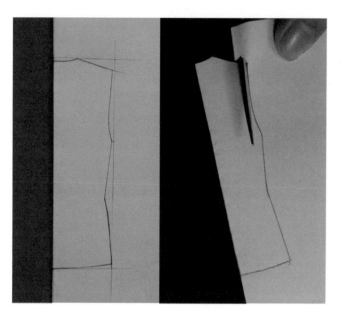

03　用剪刀顺着黏贴在塑料复写板上的"心野母型"外形剪裁，得到"心野母型"塑料模板。

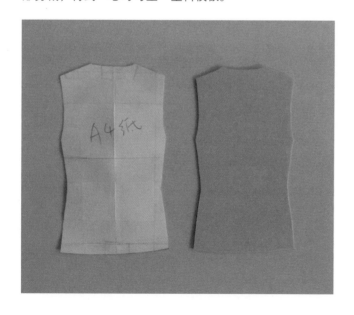

3.1.2 服装公司款式图常见手绘方法

● "心野母型"模板的手绘方法

01 根据模板外形用铅笔轻轻地描绘出衣身、裤装的轮廓线（画连体服装款式时需将上装与下装母型模板从腰线处拼合，而画独立的上装或下装款式时只需单独用上装或下装母型板。

02 在基本轮廓图的基础上，从上到下依次确定领口、腰、袖和下摆的长度。

① 确定领口长度的位置（领口长），根据领口长画出服装领子的领片线。

② 确定腰部的位置（腰节长），根据腰节长画出服装腰部分割线。

③ 确定袖口的位置（袖长），根据袖长画出服装袖口线。

④ 确定下摆的位置（衣长），根据衣长画出服装下摆线。

03 在衣身、裤装轮廓图的基础上，从上到下依次确定领口、腰、下摆的宽度。

⑤ 确定领口的宽度，根据领口宽完成整个领子外形线的绘制。

⑥ 确定肩部的宽度，根据肩部完成肩部线的绘制。

⑦ 确定腰部的宽度，根据腰部宽完成袖窿、腰部以上侧缝线的绘制。

⑧ 确定下摆的宽度，根据下摆完成腰部以下侧缝线的绘制。

04 完成袖子外形及服装门襟的绘制（袖子与衣身的距离可以根据服装的风格来定，如运动服装的袖子可以在绘制时离衣身远一点，而端庄典雅的服装的袖子可以在绘制时离衣身近一点）。

05 完成服装内部分割线、缝线、口袋、纽扣等设计细节的绘制。

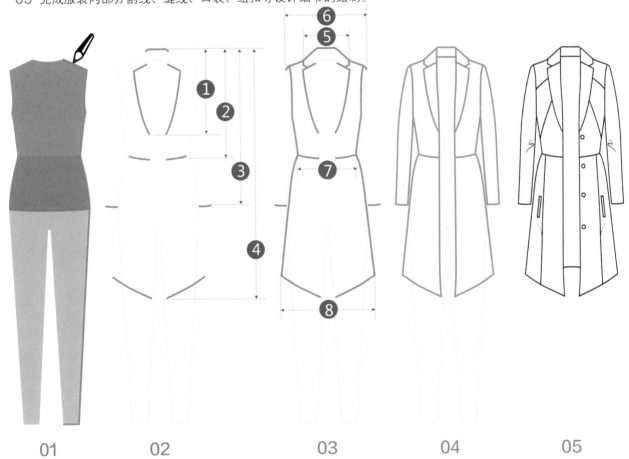

● 标准人体模板的手绘方法

01 根据人体模板外形用铅笔轻轻地描绘出人体轮廓线。

02 在基本轮廓图的基础上，从上到下依次确定领口、腰、袖、下摆的长度。

① 确定领口长度的位置（领口长），根据领口长画出服装领口深线（领子对称时，可以参考人体的中心线来画）。

② 确定腰部的位置（腰节长），根据腰节长画出服装腰部分割线。

③ 确定袖口的位置（袖长），根据袖长画出服装袖口线（因为人体模板有手臂，袖子的绘画角度会受到手臂张开角度的影响，所以我们通常在绘制礼服、无袖连衣裙时选择人体模板来绘制）。

④ 确定下摆的位置（衣长），根据衣长画出服装下摆线。

03 在人体轮廓图的基础上，从上到下依次确定领口、腰、下摆的宽度。

⑤ 确定领口的宽度，根据领口宽完成整个领子的外形线的绘制。

⑥ 确定肩部的宽度，根据肩部宽完成肩部线的绘制。

⑦ 确定腰部的宽度，根据腰部宽完成袖窿、腰部以上侧缝线的绘制。

⑧ 确定下摆的宽度，根据下摆宽完成腰部以下侧缝线的绘制。

04 完成袖子外形及服装门襟的绘制。

05 完成服装内部分割线、缝线、口袋、纽扣等设计细节的绘制。

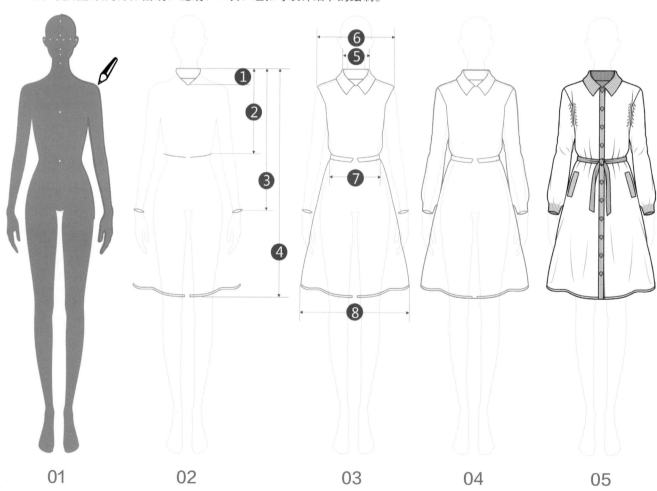

01   02   03   04   05

● 标准人台模板的手绘方法

01 根据标准人台模板的外形用铅笔轻轻地描绘出人台轮廓线（标准人台模板适合各种服装款式的绘制，是设计师使用较多的模板）。

02 在基本轮廓图的基础上，从上到下依次确定领口、腰、袖、下摆的长度。

① 确定领口长度的位置（领口长），根据领口长画出服装领口深线（领子对称时，可以参考人台的中心线来画）。

② 确定腰部的位置（腰节长），根据腰节长画出腰部分割线。

③ 确定袖口的位置（袖长），根据袖长画出服装袖口线（由于标准人台模板没有手臂，袖子的绘画角度可以根据服装款式特征随意绘制）。

④ 确定下摆的位置（衣长），根据衣长画出服装下摆线。

03 在标准人台轮廓图的基础上，从领向下依次确定领口、腰、下摆的宽度。

⑤ 确定领口的宽度，根据领口完成整个领子外形线的绘制。

⑥ 确定肩部的宽度，根据肩部宽完成肩部线的绘制。

⑦ 确定腰部的宽度，根据腰部宽完成袖窿、腰部以上侧缝线的绘制。

⑧ 确定下摆的宽度，根据下摆完成腰部以下侧缝线的绘制。

04 完成袖子外形及服装门襟的绘制。

05 完成服装内部分割线、缝线、口袋、纽扣等设计细节的绘制。

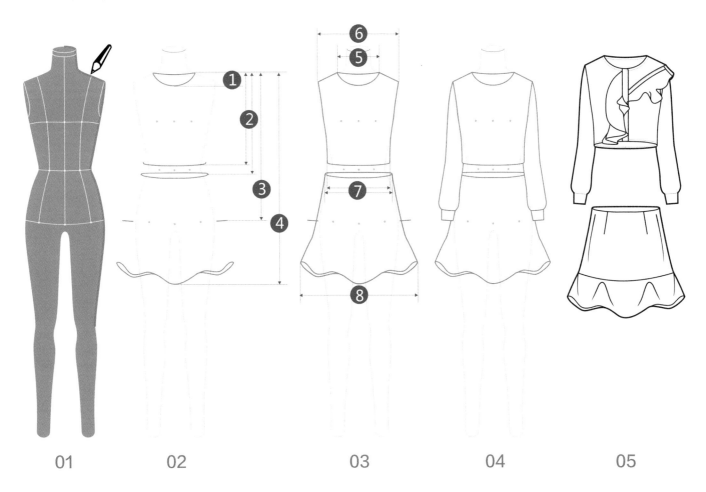

01　　　　02　　　　　　　03　　　　　　04　　　　　　05

● 肩宽比例的手绘方法

"肩宽比例"法即用肩宽作为测量服装长度的单位，以掌握服装款式比例的一种绘制方法，能在童装款式图手绘中得到较好的运用。通过下图可以得出儿童的着装长度为：幼童2.5个肩宽、小童3个肩宽、中童3.5个肩宽、大童4个肩宽；肩宽与上身比例为：幼童1:1.3、小童1:1.4、中童1:1.5、大童1:1.6；肩宽与下身比例为：幼童1:1.8、小童1:2.3、中童1:2.5、大童1:3。

儿童的着装长度与肩宽比例图

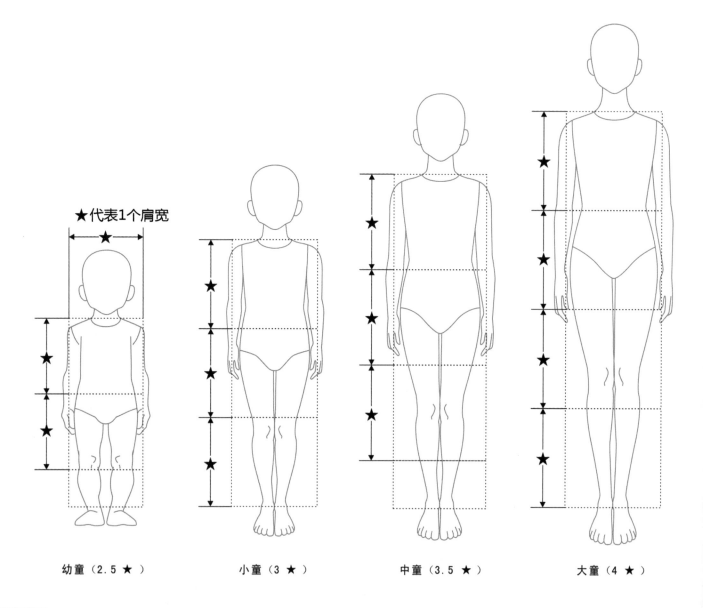

幼童（2.5 ★）　　　　小童（3 ★）　　　　中童（3.5 ★）　　　　大童（4 ★）

儿童的肩宽与上身比例图

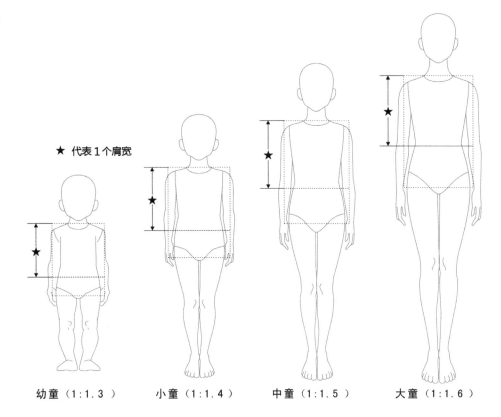

★ 代表 1 个肩宽

幼童（1:1.3） 　 小童（1:1.4） 　 中童（1:1.5） 　 大童（1:1.6）

儿童的肩宽与下身比例图

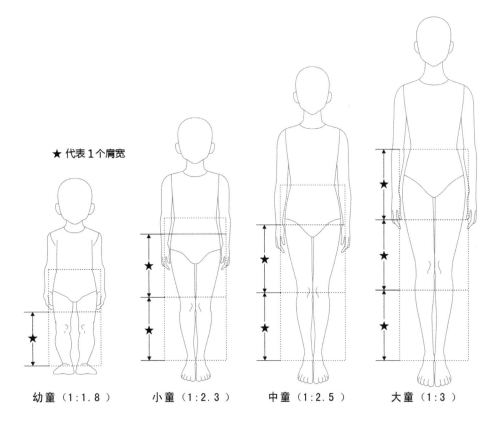

★ 代表 1 个肩宽

幼童（1:1.8） 　 小童（1:2.3） 　 中童（1:2.5） 　 大童（1:3）

以幼童上衣款式为例的手绘方法

01 画出肩宽线（作者示范为5cm），然后在其中心点位置以肩宽线1.3倍的数值画出衣长线。

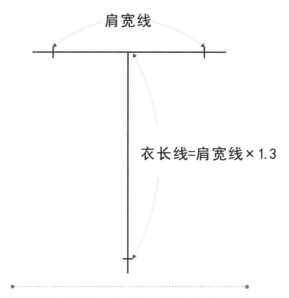

绘制小童上衣以肩宽线1.4倍数值画衣长线，绘制中童上衣
以肩宽线1.5倍数值画衣长线，绘制大童上衣以肩宽线1.6倍
数值上衣画衣长线。

02 参照肩宽线和衣长线绘制服装款式图。

"肩宽比例"手绘方法的优点和具体绘制步骤参考"4.5 肩宽比例法在童装款式图中的运用"。

3.2 手绘服装款式图需要注意的问题

3.2.1 比例协调

在服装款式图的绘制中首先应注意服装外形及服装细节的比例关系,如服装领宽与肩宽及袖长与衣长之间的比例等。

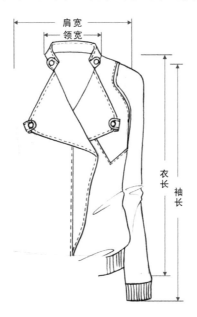

3.2.2 线型准确

● 直曲线

服装廓形和结构线都有直线和曲线之分,直线可以借助直尺来完成,曲线则需要一笔到位流畅绘制。

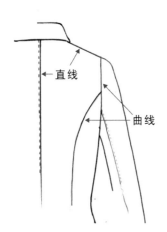

● 粗细线

服装结构有外廓形线和内部结构线之分,一般外廓形线比内部结构线要粗,内部结构线比衣纹线要粗。冬款面料较厚重,也可以采用粗细线的画法,来更好地体现服装的质感。

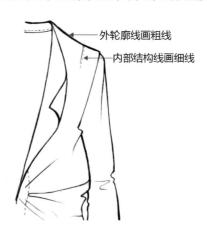

● 虚实线

服装细节有结构线和缝合线等，一般结构线用实线来表现，缝合线用虚线来表现。

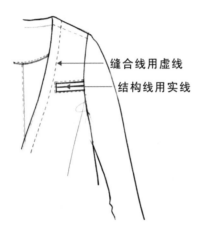

缝合线用虚线

结构线用实线

● 轻重线

为了拉开服装的外廓形线、内部结构线和衣纹线之间的关系，一般外廓形线画得最重，衣纹线画得最轻。

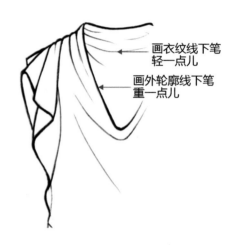

画衣纹线下笔轻一点儿

画外轮廓线下笔重一点儿

3.2.3 干净清晰

认真检查所绘制的款式图，擦干净不需要的线条，填补不清晰的线条。如果铅笔线稿不够清晰，可以用水性笔重复勾勒。

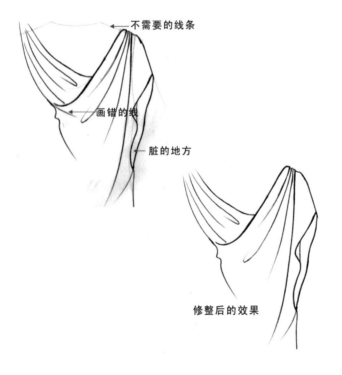

不需要的线条

画错的线

脏的地方

修整后的效果

3.2.4 喜好差别

由于不同服装品牌的定位不同，使得设计者绘制款式图时也会各有喜好差别（如有些设计者喜欢将肩斜度画得较大，有些设计者喜欢将肩宽画得较窄，有些设计者喜欢将裤长画得较长，有些设计者喜欢画得比较随性，有些设计者则追求规范……），但只要是在公司允许的范围内不影响生产就没有问题，当然作为初学者还是先练好基本功，尽量不要画得过于夸张。

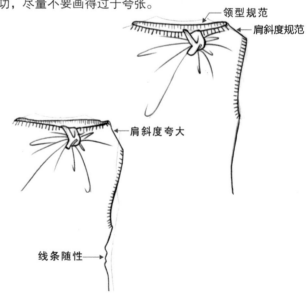

领型规范

肩斜度规范

肩斜度夸大

线条随性

3.2.5 细节放大图

如果不能通过主款式图将款式细节交代清楚，则需要将该细节做放大图处理。如果能在主图页绘制，需要将细节大图绘制在与该细节接近的地方；如果不能在主图页绘制，可以注明另起一页绘制详细的放大绘制图。

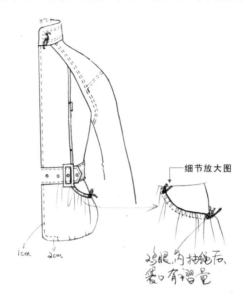

3.2.6 标注详细

在服装款式图绘制完成后，为了能有效地向设计总监、制板师和样衣师传达服装设计意图，应标出必要的文字说明，其内容包括部位尺寸（如袖口宽、衣长和领片大小等）和工艺要求（如分开缝的宽度、印花的位置和特殊工艺要求等）。如果有需要，可以在服装款式图旁边附上面辅料小样（如AB面料、扣子、花边及骨线等）。

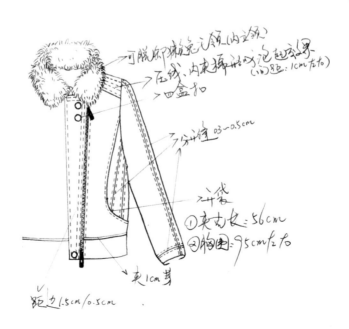

04

服装款式图手绘方法

服装款式分类较多，可以按性别、年龄、风格、季节、品种等进行分类，因此我们需要对各类款式都进行绘制练习，熟能生巧。在绘制前可以将服装平铺在桌面上，分析平面的效果；在绘制过程中一般都会适当收窄服装手稿中服装的宽度，保持长度比例。

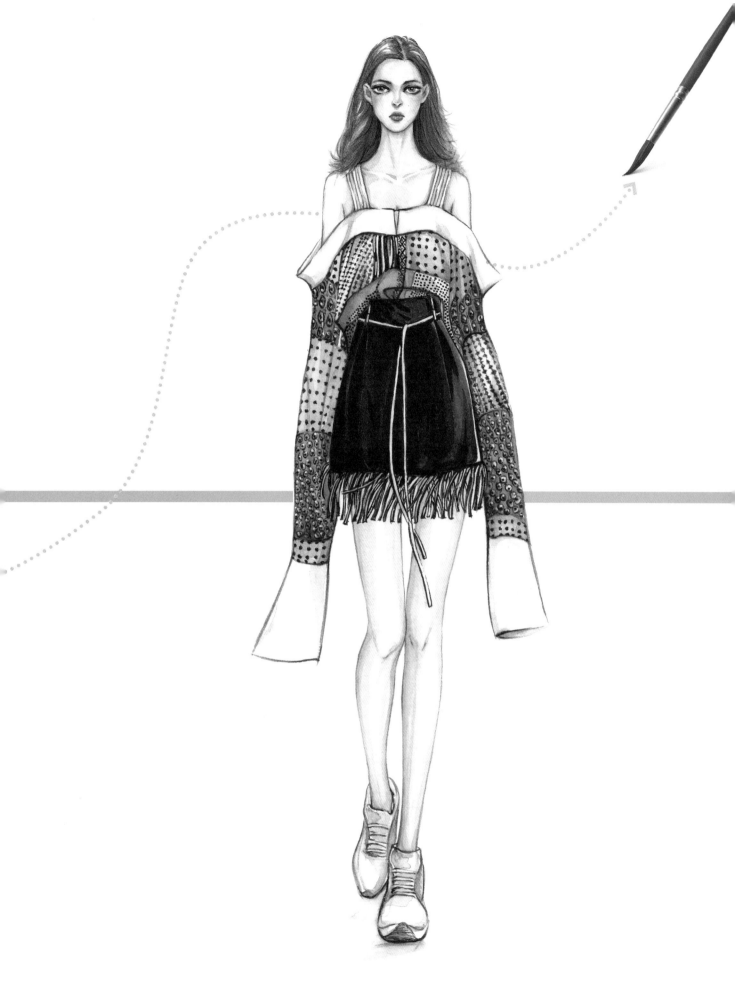

4.1 "心野母型"内衣款式图手绘方法

4.1.1 内衣款式的基础知识

学习内衣款式图的手绘方法之前,需要先对内衣有一个基本的认识,这样才能手绘出标准的内衣款式图。内衣的分类包括文胸、内裤、睡衣、塑身衣、保暖衣和泳衣等,以下主要讲解文胸和内裤款式图的手绘方法。在我国,内衣在汉代称为"心衣",在两晋称为"两裆",在唐朝称为"内中和亵衣",在宋代称为"抹胸",在明朝称为"主腰",在清朝则称为"肚兜"。现代的女性内衣包括遮蔽、保护乳房的文胸(胸罩)及保护下体的内裤,男性内衣一般指内裤。

● 文胸的结构

后比: 帮助罩杯承托胸部并固定文胸的位置,一般使用弹性强度大的材料。

钢圈: 环绕乳房半周,可以支撑和改善乳房形状并起到定位的作用。

侧比: 文胸的侧部,起到定型的作用。

杯位: 分为上托和下托,是文胸最重要的部分,有保护双乳、改善外观的作用。

饰扣: 起装饰、点缀作用。

鸡心: 文胸的正中间部位,起定型作用。

下扒: 支撑碗部,以防乳房下垂,并可以将多余的赘肉慢慢移入乳房。

肩带: 可以进行长度调节,利用肩膀吊住罩杯,起到承托作用。

比弯: 靠近手臂的位置,起固定、支撑、聚拢副乳的作用。

肩扣: 分为圈扣和调节扣(圈扣是连接肩带与文胸的金属环,也叫"O"形扣,调节扣起调节肩带长度的作用,一般为08扣或89扣配套使用)。

后背钩: 可以根据下胸围的尺寸进行调节,一般有3排扣可供选择。

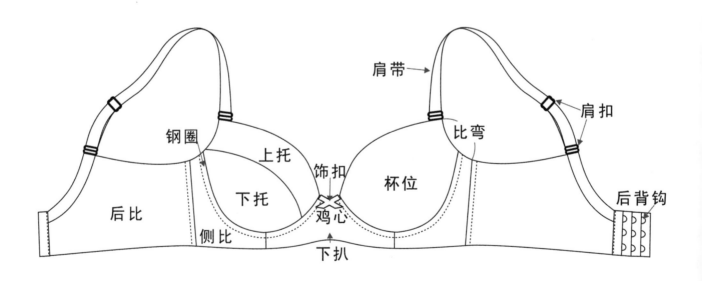

文胸的罩杯分类

4/4**全罩杯文胸**：包容性、稳定性及承托、聚拢效果更好，可以使胸部外观更挺拔而不臃肿，适合乳房丰满的女性穿着。

3/4罩杯文胸：主要是聚拢（集中）作用，包容效果适中、聚拢效果好，适合大多数女性穿着。

1/2**罩杯文胸**：具有良好的抬托胸部作用，使胸部看起来更浑圆，适合乳房娇小的女性穿着。

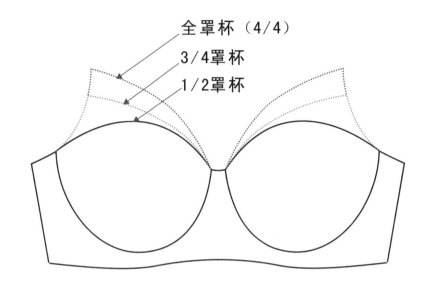

全罩杯（4/4）
3/4罩杯
1/2罩杯

内裤的腰位分类

高腰型：腰线高度平于或高于肚脐，有很好的收腰效果，适合腰部曲线感不强的女性穿着。

中腰型：腰线高度在肚脐以下8cm内，也有较好的收腰效果，适合大多数女性穿着。

低腰型：腰线高度低于肚脐8cm以下，适合腹部较平滑的女性穿着。

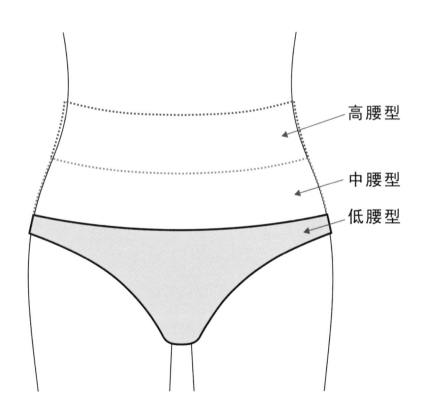

高腰型
中腰型
低腰型

4.1.2 文胸款式图的手绘方法

● 三角杯文胸的手绘方法

杯型：三角杯	功能：侧挂钩、隆胸	适合胸型：胸型娇小
薄厚：薄杯	肩带：可拆卸挂脖式肩带	罩杯材质：模杯
搭扣：前系扣	钢圈：无	款式细节：印花图案

01 在空白的A4纸上，将"心野母型"女上装模板摆放在适当位置，然后用自动铅笔轻轻地沿模板外轮廓画一圈，将"心野母型"的外轮廓勾勒在A4纸上。

02 在已勾勒好的"心野母型"女上装外轮廓的基础上，确定中心对称线、胸围线、罩杯定位线和文胸底位线的位置。

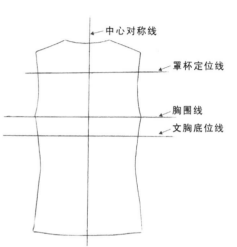

中心对称线
罩杯定位线
胸围线
文胸底位线

03 参照罩杯定位线、文胸底位线的位置绘制出罩杯的形状，完成左右杯位的绘制。

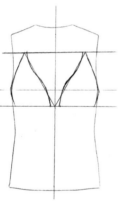

04 参照文胸底位线的位置绘制出底部线形，完成底部线形的绘制。

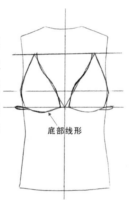

底部线形

05 参照"心野母型"的领肩点位绘制出肩带，完成肩带的绘制。

领肩点位

06 绘制内部结构线与印花图案，完成内部结构的绘制。

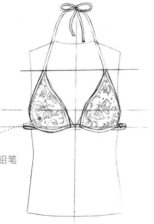

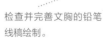
检查并完善文胸的铅笔线稿绘制。

07 用水性笔将文胸的铅笔线稿勾勒出来，然后用橡皮将铅笔线稿擦干净，完成文胸款式图的手稿绘制。

在本步骤完成装饰线、缝合线等线迹的绘制。

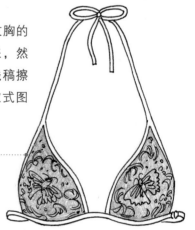

一字形文胸的手绘方法

杯型：3/4罩杯、文胸	功能：聚拢、托高	适合胸型：胸型下垂、胸型丰满
薄厚：薄杯	肩带：可拆卸肩带	罩杯材质：模杯
搭扣：后双排搭扣	钢圈：有	款式细节：蕾丝边

01 在空白的A4纸上，将"心野母型"女上装模板摆放在适当位置，然后用自动铅笔轻轻地沿模板外轮廓画一圈，将"心野母型"的外轮廓勾勒在A4纸上。

02 在已勾勒好的"心野母型"女上装外轮廓的基础上，确定中心对称线、胸围线、罩杯定位线和文胸底位线的位置。

在绘制胸围线、文胸底位线时，可以将长度画得略长一些。

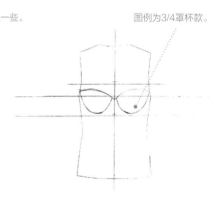

03 参照罩杯定位线和文胸底位线的位置绘制出罩杯的形状，完成左右杯位的绘制。

图例为3/4罩杯款。

04 参照文胸底位线的位置绘制出下扒和后比的底部线形，完成底部线形的绘制。

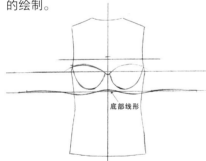

05 参照罩杯定位线的位置绘制出前幅线，完成前幅的绘制。

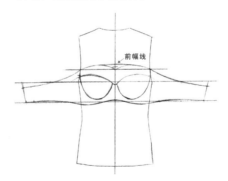

06 参照"心野母型"肩斜线的位置绘制出肩带，完成肩带的绘制。

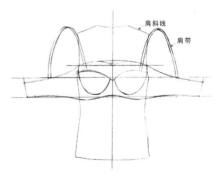

07 绘制内部结构线和后背钩，完成内部结构的绘制。

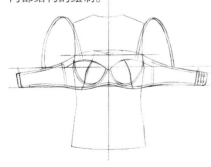

08 绘制蕾丝花边与花形图案，完成图案的绘制。

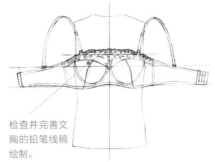

检查并完善文胸的铅笔线稿绘制。

09 用水性笔将抹胸的铅笔线稿勾勒出来，然后用橡皮将铅笔线稿擦干净，完成文胸款式图的手稿绘制。

在本步骤完成装饰线、缝合线等线迹的绘制。

深V文胸的手绘方法

杯型：4/4罩杯、深V	功能：无痕、聚拢	适合胸型：胸型丰满
薄厚：薄杯	肩带：固定双肩带	罩杯材质：模杯
搭扣：后双排搭扣	钢圈：有	款式细节：前中钻石吊坠装饰

01 在空白的A4纸上，将"心野母型"女上装模板摆放在适当位置，然后用自动铅笔轻轻地沿模板外轮廓画一圈，将"心野母型"的外轮廓勾勒在A4纸上。

02 在已勾勒好的"心野母型"女上装外轮廓的基础上，确定中心对称线、胸围线、罩杯定位线和文胸底位线的位置。

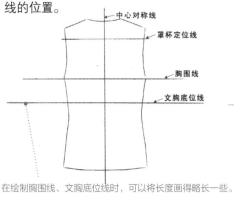

在绘制胸围线、文胸底位线时，可以将长度画得略长一些。

03 参照罩杯定位线和文胸底位线的位置绘制出罩杯的形状，完成左右杯位的绘制。

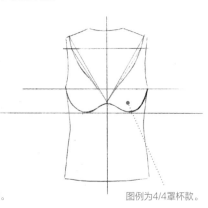

图例为4/4罩杯款。

04 参照文胸底位线的位置绘制出下扒和后比的底部线形，完成底部线形的绘制。

05 参照罩杯定位线的位置绘制出比弯线，完成比弯部位的绘制。

06 参照"心野母型"肩斜线的位置绘制出肩带，完成肩带的绘制。

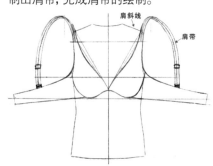

07 绘制内部结构线和后背钩，完成内部结构的绘制。

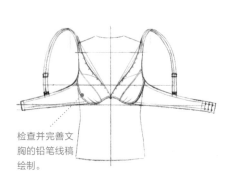

检查并完善文胸的铅笔线稿绘制。

08 用水性笔将文胸的铅笔线稿勾勒出来，然后用橡皮将铅笔线稿擦干净，完成文胸款式图的手稿绘制。

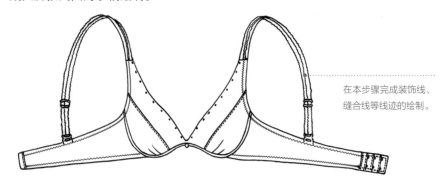

在本步骤完成装饰线、缝合线等线迹的绘制。

前系扣文胸的手绘方法

杯型：3/4罩杯		功能：聚拢、美背、前系扣		适合胸型：胸型娇小	
薄厚：中厚杯		肩带：固定双肩带		罩杯材质：模杯	
搭扣：前系扣		钢圈：有		款式细节：小蝴蝶节	

01 在空白的A4纸上，将"心野母型"女上装模板摆放在适当位置，然后用自动铅笔轻轻地沿模板外轮廓画一圈，将"心野母型"的外轮廓勾勒在A4纸上。

02 在已勾勒好的"心野母型"女上装外轮廓的基础上，确定中心对称线、胸围线、罩杯定位线与文胸底位线的位置。

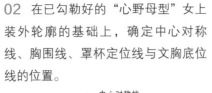
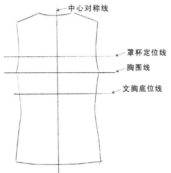

← 中心对称线
→ 罩杯定位线
→ 胸围线
→ 文胸底位线

03 参照罩杯定位线、文胸底位线的位置绘制出罩杯的形状，完成左右杯位的绘制。

图例为3/4罩杯款。

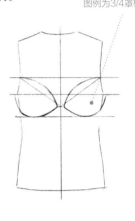

04 参照文胸底位线的位置，完成鸡心、比弯和侧比线形的绘制。

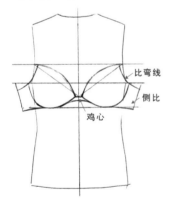

比弯线
侧比
鸡心

05 参照"心野母型"肩斜线的位置绘制出肩带，完成肩带的绘制。

肩斜线
肩带

06 绘制内部结构线和后背钩，完成内部结构的绘制。

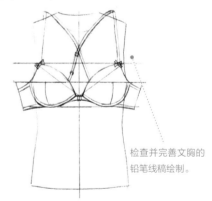

检查并完善文胸的铅笔线稿绘制。

07 用水性笔将文胸的铅笔线稿勾勒出来，然后用橡皮将铅笔线稿擦干净，完成文胸正面款式图的手稿绘制。

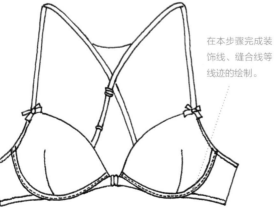

在本步骤完成装饰线、缝合线等线迹的绘制。

08 参照文胸正面款式图的手绘方法，完成文胸背面款式图的手稿绘制。

4.1.3 内裤款式图的手绘方法

● 三角裤的手绘方法

腰型：中腰	面料图案：抽象花纹	款式细节：蕾丝边

01　在空白的A4纸上，将"心野母型"女下装模板摆放在适当位置，然后用自动铅笔轻轻地沿模板外轮廓画一圈，将"心野母型"的外轮廓勾勒在A4纸上。

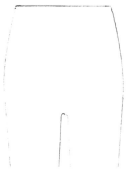

02　在已勾勒好的"心野母型"女下装外轮廓的基础上，确定中心对称线、裤腰高度点和裤口点的位置。

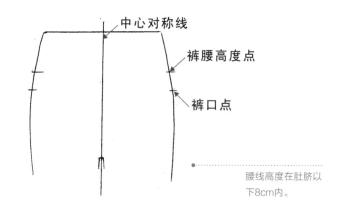

中心对称线

裤腰高度点

裤口点

腰线高度在肚脐以下8cm内。

03　参照裤腰高度点的位置，完成腰线部位的绘制。

04　参照中心对称线与裤口点的位置，完成裤口线与裤裆部位的绘制。

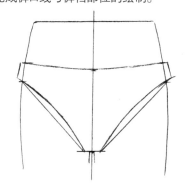

05　绘制出内部结构线与花纹，完成内部结构的绘制。

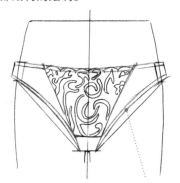

检查并完善内裤的铅笔线稿绘制。

06　用水性笔将内裤的铅笔线稿勾勒出来，再用橡皮将铅笔线稿擦干净，完成内裤正面款式图的手稿绘制。

在本步骤完成装饰线、缝合线等线迹的绘制。

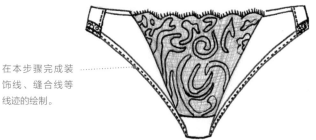

07　参照内裤正面款式图的手绘方法，完成内裤背面款式图手稿绘制。

注意蕾丝边等细节的表现。

平角裤的手绘方法

腰型：低腰	面料图案：小碎花	款式细节：裤口滚边

01 在空白的A4纸上，将"心野母型"女下装模板摆放在适当位置，然后用自动铅笔轻轻地沿模板外轮廓画一圈，将"心野母型"的外轮廓勾勒在A4纸上。

02 在已勾勒好的"心野母型"女下装外轮廓的基础上，确定中心对称线、裤腰高度点和裤口点的位置。

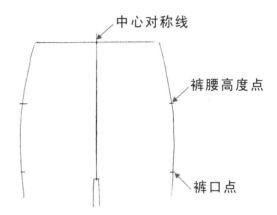

03 参照裤腰高度点的位置，完成腰线部位的绘制。

04 参照中心对称线与裤口点的位置，完成裤口线与裤裆的绘制。

05 绘制出内部结构线与花纹，完成内部结构的绘制。

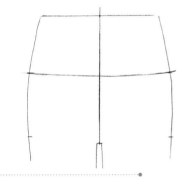

腰线高度低于肚脐8cm以下。

检查并完善内裤的铅笔线稿绘制。

06 用水性笔将内裤的铅笔线稿勾勒出来，然后用橡皮将铅笔线稿擦干净，完成内裤正面款式图的手稿绘制。

07 参照内裤正面款式图的手绘方法，完成内裤背面款式图手稿绘制。

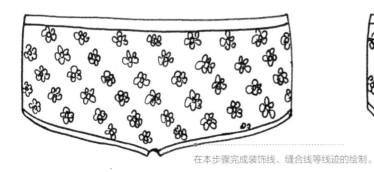

在本步骤完成装饰线、缝合线等线迹的绘制。

● T型裤的手绘方法

腰型：低腰	面料图案：小圆点	款式细节：蝴蝶结

01 在空白的A4纸上，将"心野母型"女下装模板摆放在适当位置，然后用自动铅笔轻轻地沿模板外轮廓画一圈，将"心野母型"的外轮廓勾勒在A4纸上。

02 在已勾勒好的"心野母型"女下装外轮廓的基础上，确定中心对称线、裤腰高度点和裤口点的位置。

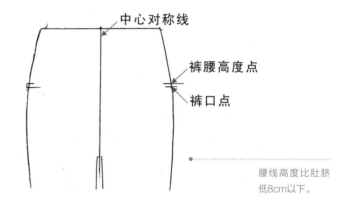

中心对称线

裤腰高度点

裤口点

腰线高度比肚脐低8cm以下。

03 参照裤腰高度点的位置，完成腰线部位的绘制。

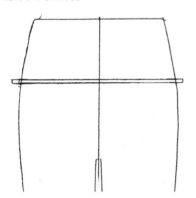

04 参照中心对称线与裤口点的位置，完成裤口线与裤裆部位的绘制。

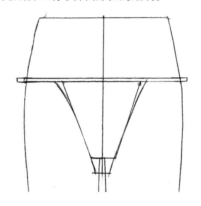

05 绘制出内部结构线与花纹，完成内部结构的绘制。

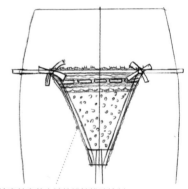

检查并完善内裤的铅笔线稿绘制。

06 用水性笔将内裤的铅笔线稿勾勒出来，然后用橡皮将铅笔线稿擦干净，完成内裤正面款式图的手稿绘制。

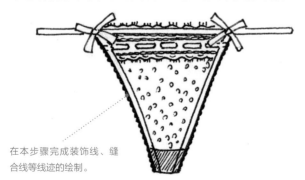

在本步骤完成装饰线、缝合线等线迹的绘制。

07 参照内裤正面款式图的手绘方法，完成内裤背面款式图手稿绘制。

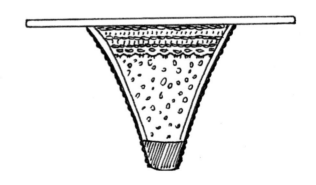

4.2 "心野母型"款式图局部手绘方法

4.2.1 领子款式图的手绘方法

01 在空白的A4纸上，将"心野母型"女上装模板摆放在适当位置，用自动铅笔轻轻地沿模板外轮廓画一圈，将"心野母型"的外轮廓勾勒在A4纸上。

02 在已勾勒好的"心野母型"外轮廓的基础上，确定横领宽和直领深及中心对称点的位置。

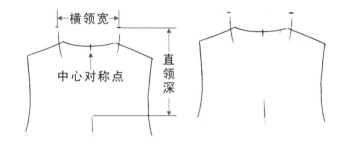

03 确定领片的款式结构和大小，完成领片的铅笔手稿绘制。

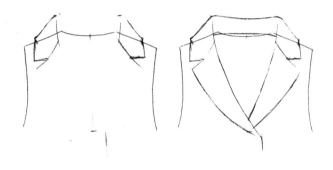

04 用水性笔将领片的铅笔线稿勾勒出来，然后用橡皮将铅笔线稿擦干净，完成领片正面款式图的手稿绘制。

在本步骤完成装饰线、缝合线等线迹的绘制。

05 参照领片正面款式图的手绘方法，完成领片背面款式图的手稿绘制。

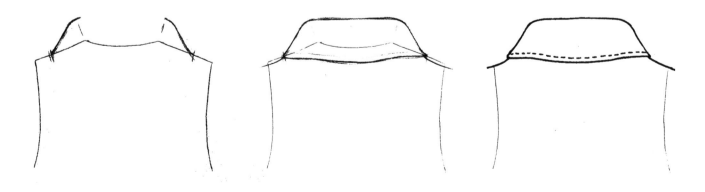

4.2.2 各种领型的手绘表现形式

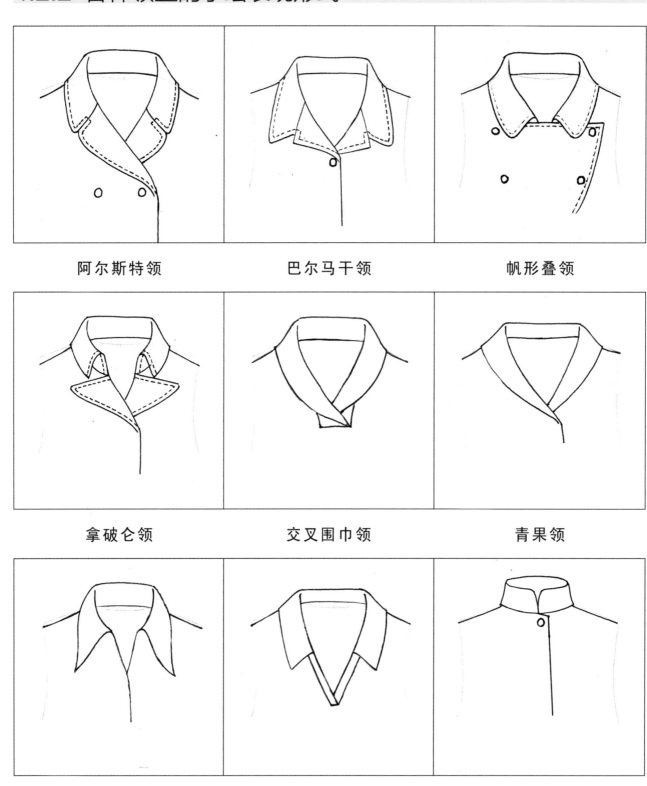

阿尔斯特领　　　　　　巴尔马干领　　　　　　帆形叠领

拿破仑领　　　　　　交叉围巾领　　　　　　青果领

燕子领　　　　　　意大利领　　　　　　军官领

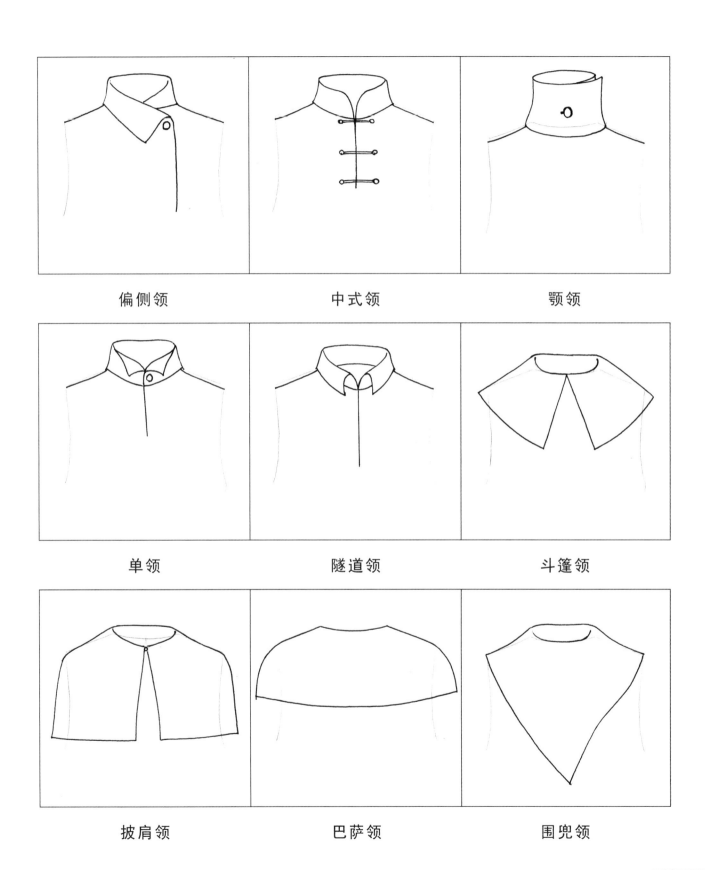

偏侧领　　　　　　中式领　　　　　　颚领

单领　　　　　　隧道领　　　　　　斗篷领

披肩领　　　　　　巴萨领　　　　　　围兜领

皱褶领　　　　　远离领　　　　　波褶领

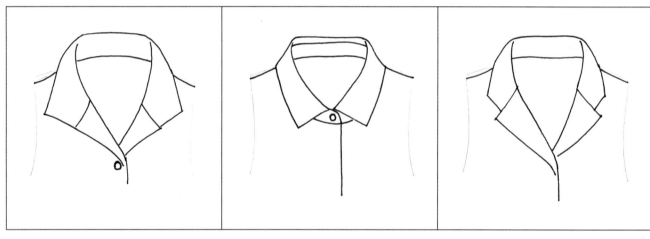

比翼领　　　　　衬衣领　　　　　方驳领

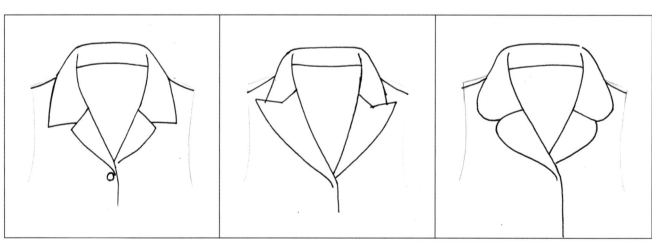

开门领　　　　　戗驳领　　　　　圆驳领

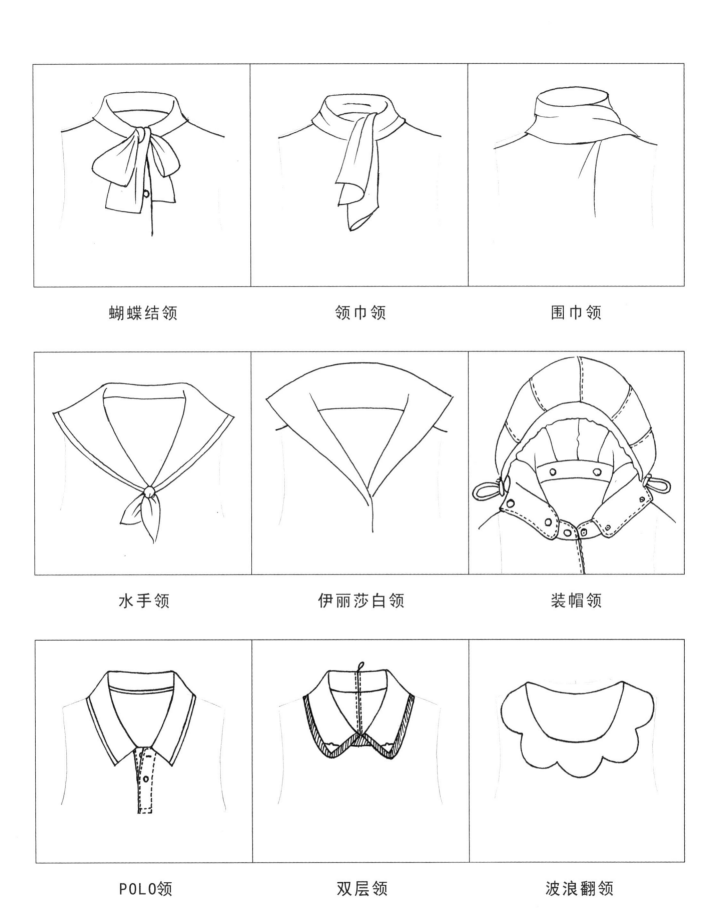

蝴蝶结领　　　　　　　领巾领　　　　　　　围巾领

水手领　　　　　　　伊丽莎白领　　　　　　　装帽领

POLO领　　　　　　　双层领　　　　　　　波浪翻领

4.2.3 袖子款式图的手绘方法

01 在空白的A4纸上，将"心野母型"女上装模板摆放在适当位置，然后用自动铅笔轻轻地沿模板外轮廓画一圈，将"心野母型"的外轮廓勾勒在A4纸上并完成衣身的绘制。

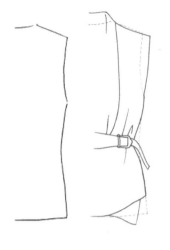

02 参照衣身外轮廓，绘制出袖子的内廓形线。

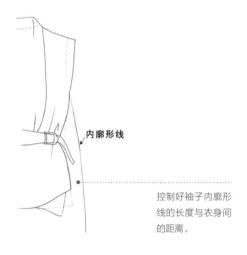

内廓形线

控制好袖子内廓形线的长度与衣身间的距离。

03 在袖子内廓形线的基础上确定袖口线的位置与宽度。

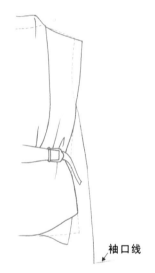

袖口线

04 参照袖子内廓形线，绘制出外廓形线。

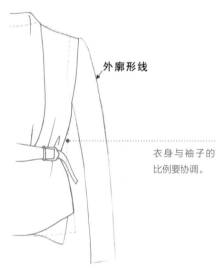

外廓形线

衣身与袖子的比例要协调。

05 完善袖口外形的绘制。

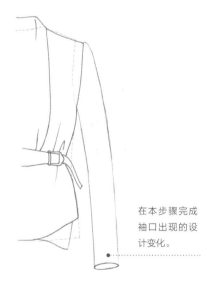

在本步骤完成袖口出现的设计变化。

06 用水性笔将袖子的铅笔线稿勾勒出来，然后用橡皮将铅笔线稿擦干净，完成袖子款式图的手稿绘制。

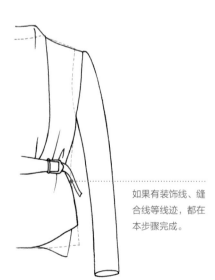

如果有装饰线、缝合线等线迹，都在本步骤完成。

4.2.4 各种袖子的手绘表现形式

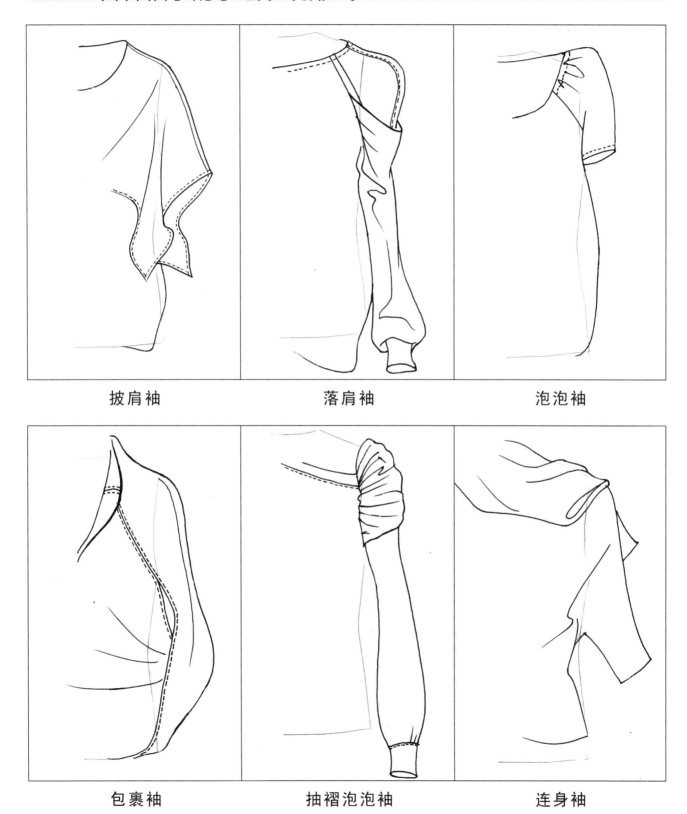

披肩袖　　　　　　　　落肩袖　　　　　　　　泡泡袖

包裹袖　　　　　　　抽褶泡泡袖　　　　　　连身袖

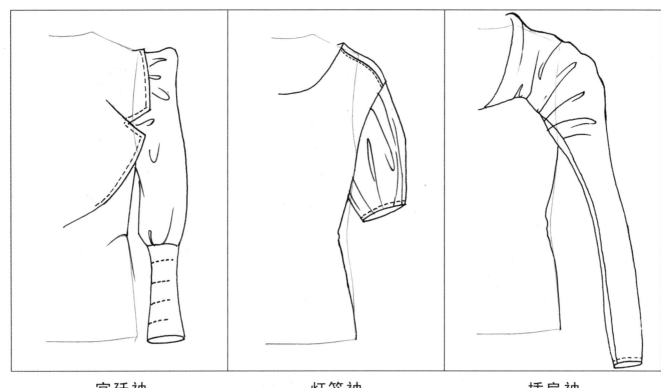

宫廷袖　　　　　灯笼袖　　　　　插肩袖

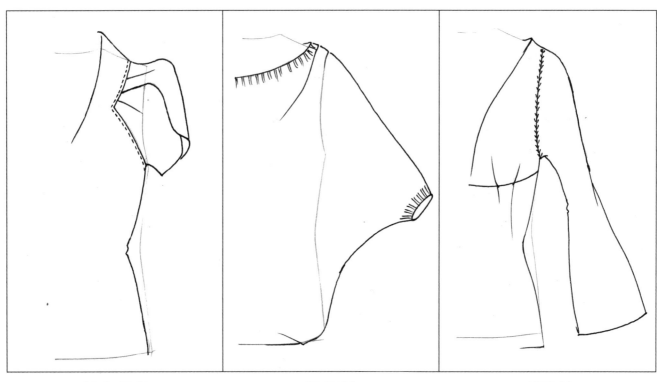

郁金香袖　　　　蝙蝠袖　　　　　喇叭袖

4.3 "心野母型"女装款式图手绘方法

4.3.1 T恤的手绘方法

01 在已经复制好的"心野母型"女上装外轮廓的基础上,确定领口宽度点、深度点和中心对称点的位置。

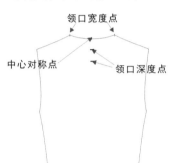

02 参照领口宽度点和深度点的位置,完成领子的绘制。

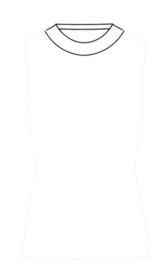

03 绘制袖窿线、侧缝线和下摆线的线形,完成衣身的绘制。

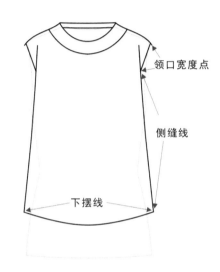

04 参照袖窿线绘制出袖子的线形,完成袖子的绘制。

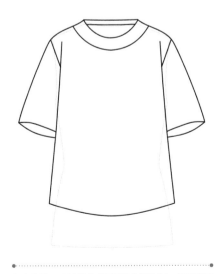

05 用水性笔将T恤的铅笔线稿勾勒出来,然后用橡皮将铅笔线稿擦干净,完成T恤正面款式图的手稿绘制。

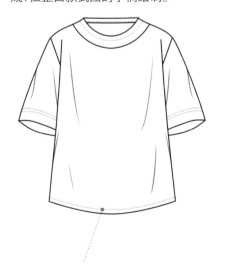

06 参照T恤衫正面款式图的手绘方法,完成T恤背面款式图的手稿绘制。

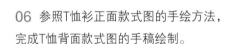

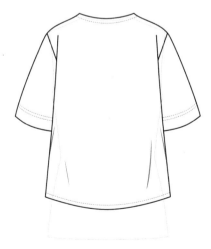

有印花的需要接着完成T恤印花的绘制,然后检查并完善T恤的铅笔线稿绘制。

在本步骤完成装饰线、缝合线、衣纹线等线迹的绘制。

4.3.2 衬衫的手绘方法

01 在已经复制好的"心野母型"女上装外轮廓的基础上，确定领口宽度点、深度点和中心对称线的位置。

02 参照领口宽度点和深度点的位置绘制出领口线与领片线，完成领子的绘制。

03 绘制出袖窿线、侧缝线、下摆线的线形，完成衣身的绘制。

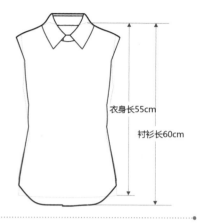

"心野母型"衣身长度为55cm，衬衫长度为60cm，依据"心野母型"的长度可以确定衬衫的长度。

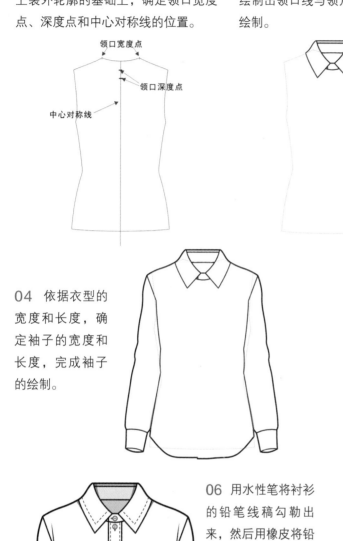

04 依据衣型的宽度和长度，确定袖子的宽度和长度，完成袖子的绘制。

05 绘制内部结构线和确定扣子的点位，完成衬衣内部结构的绘制。

06 用水性笔将衬衫的铅笔线稿勾勒出来，然后用橡皮将铅笔线稿擦干净，完成衬衣正面款式图的手稿绘制。

07 参照衬衫正面款式图的手绘方法，完成衬衫背面款式图的手稿绘制。

在本步骤完成装饰线、缝合线、衣纹线等线迹的绘制。

4.3.3 针织毛衫的手绘方法

01 在已经复制好的"心野母型"女上装外轮廓的基础上,确定领口宽度点和深度点,以及中心对称线的位置。

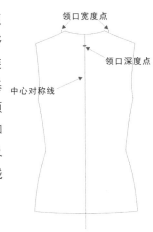

领口宽度点
领口深度点
中心对称线

02 参照领口宽度点、深度点和中心对称线的位置,完成领子的绘制。

03 绘制袖窿线、侧缝线和下摆线的线形,完成衣身的绘制。

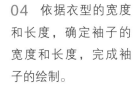

04 依据衣型的宽度和长度,确定袖子的宽度和长度,完成袖子的绘制。

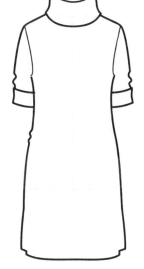

05 绘制出内部结构线及花纹针法,完成针织毛衫内部结构的绘制。

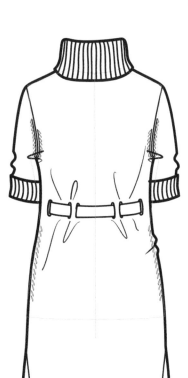

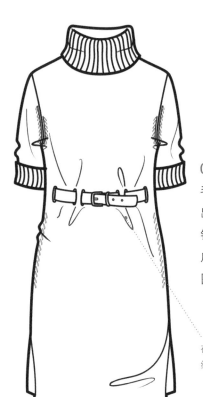

06 用水性笔将针织毛衫的铅笔线稿勾勒出来,然后用橡皮将铅笔线稿擦干净,完成针织毛衫正面款式图的手稿绘制。

在本步骤完成装饰线、缝合线、衣纹线等线迹的绘制。

07 参照针织毛衫正面款式图的手绘方法,完成针织毛衫背面款式图手稿绘制。

4.3.4 外套的手绘方法

01 在已勾勒好的"心野母型"女上装外轮廓的基础上，确定领口宽度点、深度点和中心对称线的位置。

02 参照领口宽度点和深度点的位置，完成领子的绘制。

03 绘制袖窿线、侧缝线和下摆线的线形，完成衣身的绘制。

"心野母型"后中长为37cm，衣服长度为40cm，依据"心野母型"的长度可以确定外套的长度。

04 依据衣型的宽度和长度，确定袖子的宽度和长度，完成袖子的绘制。

05 绘制出内部结构和扣位，完成外套内部结构的绘制。

检查并完善外套的铅笔线稿绘制。

06 用水性笔将外套的铅笔线稿勾勒出来，然后用橡皮将铅笔线稿擦干净，完成外套正面款式图的手稿绘制。

在本步骤完成装饰线、缝合线、衣纹线等线迹的绘制。

07 参照外套正面款式图的手绘方法，完成外套背面款式图手稿绘制。

4.3.5 西装的手绘方法

01 在已勾勒好的"心野母型"女上装外轮廓的基础上，确定领口宽度点、深度点和中心对称线的位置。

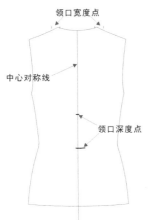

领口宽度点

中心对称线

领口深度点

02 参照领口宽度点和深度点的位置，完成领子的绘制。

03 绘制袖窿线、侧缝线和下摆线的线形，完成衣身的绘制。

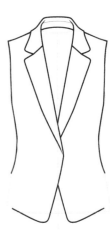

04 依据衣型的宽度和长度，确定袖子的宽度和长度，完成袖子的绘制。

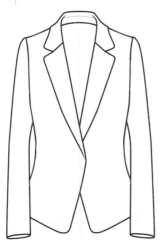

05 绘制内部结构和扣位，完成西装内部结构的绘制。

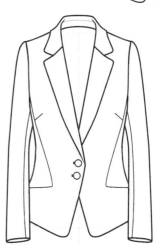

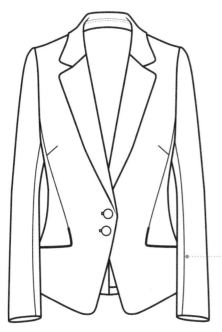

06 用水性笔将西装的铅笔线稿勾勒出来，然后用橡皮将铅笔线稿擦干净，完成西装正面款式图的手稿绘制。

在本步骤完成装饰线、缝合线等线迹的绘制。

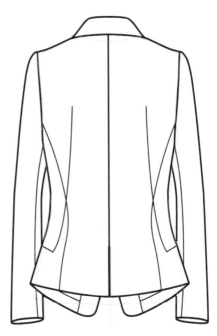

07 参照西装正面款式图的手绘方法，完成西装背面款式图手稿绘制。

4.3.6 羽绒服的手绘方法

01　在已经复制好的"心野母型"女上装外轮廓的基础上，确定帽子宽度点、领口宽度点、深度点和中心对称线的位置。

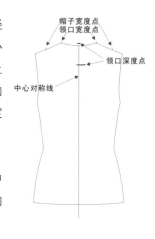

帽子宽度点
领口宽度点
领口深度点
中心对称线

02　参照帽子宽度点、领口宽度点和深度点的位置，完成帽子的绘制。

03　绘制袖窿线、侧缝线和下摆线的线形，完成衣身的绘制。

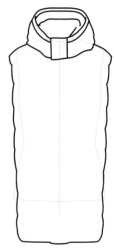

04　依据衣型的宽度和长度，确定袖子的宽度和长度，完成袖子的绘制。

05　绘制出内部结构线，完成羽绒服内部结构的绘制。

06　用水性笔将羽绒服的铅笔线稿勾勒出来，然后用橡皮将铅笔线稿擦干净，完成羽绒服正面款式图的手稿绘制。

在本步骤完成装饰线、缝合线、衣纹线等线迹的绘制。

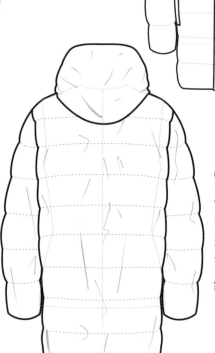

07　参照羽绒服正面款式图的手绘方法，完成羽绒服背面款式图手稿绘制。

4.3.7 大衣的手绘方法

01 在已勾勒好的"心野母型"女上装外轮廓的基础上，确定领口宽度点、深度点和中心对称线的位置。

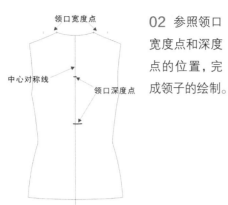

领口宽度点

中心对称线

领口深度点

02 参照领口宽度点和深度点的位置，完成领子的绘制。

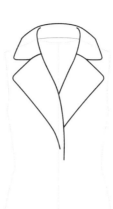

03 绘制袖窿线、侧缝线和下摆线的线形，完成衣身的绘制。

04 依据衣型的宽度和长度，确定袖子的宽度和长度，完成袖子的绘制。

05 绘制出内部结构和扣位，完成大衣内部结构的绘制。

06 用水性笔将大衣的铅笔线稿勾勒出来，然后用橡皮将铅笔线稿擦干净，完成风衣正面款式图的手稿绘制。

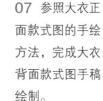

在本步骤完成装饰线、缝合线、衣纹线等线迹的绘制。

07 参照大衣正面款式图的手绘方法，完成大衣背面款式图手稿绘制。

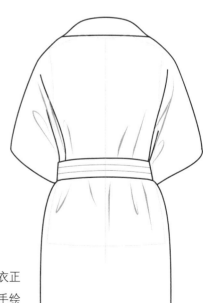

4.3.8 连衣裙的手绘方法

01 在已勾勒好的"心野母型"女上装外轮廓的基础上,确定领口宽度点、深度点和中心对称线的位置。

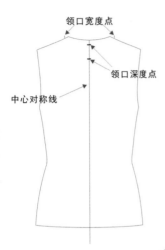

领口宽度点

领口深度点

中心对称线

02 参照领口宽度点和深度点的位置,完成领子的绘制。

03 绘制袖窿线、侧缝线和下摆线的线形,完成衣身的绘制。

04 依据衣型的宽度和长度,确定袖口线,完成袖口及前胸造型的绘制。

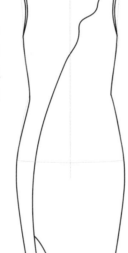

05 绘制出内部结构线,完成连衣裙内部结构的绘制。

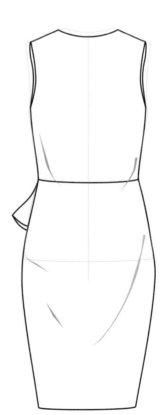

06 用水性笔将连衣裙的铅笔线稿勾勒出来,然后用橡皮将铅笔线稿擦干净,完成连衣裙正面款式图的手稿绘制。

在本步骤完成装饰线、缝合线、衣纹线等线迹的绘制。

07 参照连衣裙正面款式图的手绘方法,完成连衣裙背面款式图手稿绘制。

4.3.9 裙子的手绘方法

01 在已经复制好的"心野母型"女上装外轮廓的基础上，确定裙腰宽度点、前后裙腰点和中心对称线的位置。

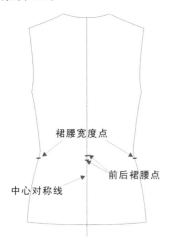

裙子依然可以用"心野母型"女上装模板来绘制，勾勒外轮廓时只需要画袖窿线以下的形状。

02 参照裙腰宽度点、前后裙腰点的位置，完成腰头的绘制。

03 绘制出侧缝线和下摆线的线形，完成裙身的绘制。

04 绘制出内部结构线，完成裙子内部结构的绘制。

05 用水性笔将裙子的铅笔线稿勾勒出来，然后用橡皮将铅笔线稿擦干净，完成裙子正面款式图的手稿绘制。

在本步骤完成装饰线、缝合线、衣纹线等线迹的绘制。

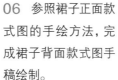

06 参照裙子正面款式图的手绘方法，完成裙子背面款式图手稿绘制。

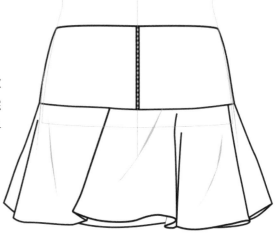

4.3.10 裤子的手绘方法

01 在已经复制好的"心野母型"女裤外轮廓的基础上，确定裤腰宽度点、装腰点和中心对称线的位置。

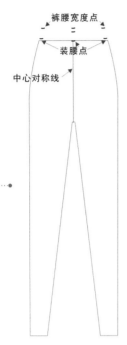

本款为高腰裤，所以装腰点位置比"心野母型"女裤的腰位高一些。

02 参照裤腰宽度点、装腰点和中心对称线的位置，完成腰头的绘制。

03 绘制出裤腿侧缝线和脚口线，完成裤腿的绘制。

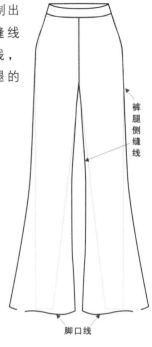

04 绘制门襟、口袋与内部结构线，完成裤子内部结构的绘制。

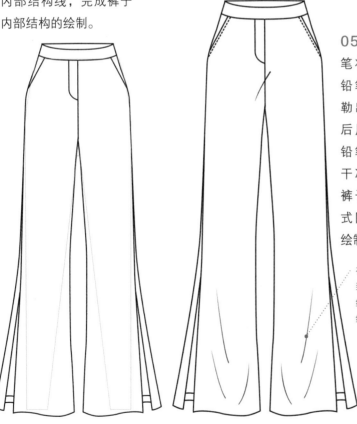

05 用水性笔将裤子的铅笔线稿勾勒出来，然后用橡皮将铅笔线稿擦干净，完成裤子正面款式图的手稿绘制。

在本步骤完成装饰线、缝合线、衣纹线等线迹的绘制。

06 参照裤子正面款式图的手绘方法，完成裤子背面款式图手稿绘制。

4.3.11 常见女装款式在不同模板上的绘制

内衣款式图例

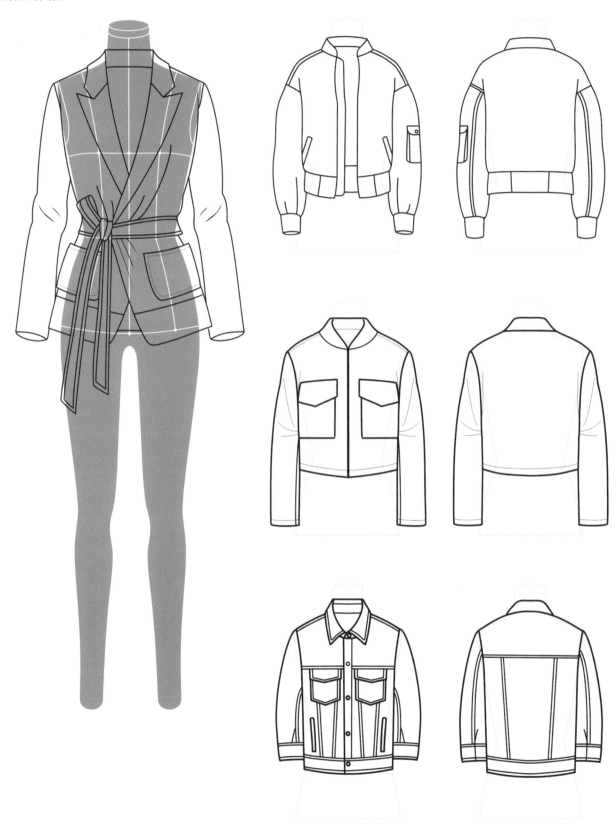

连体裤款式图例

裤子款式图例

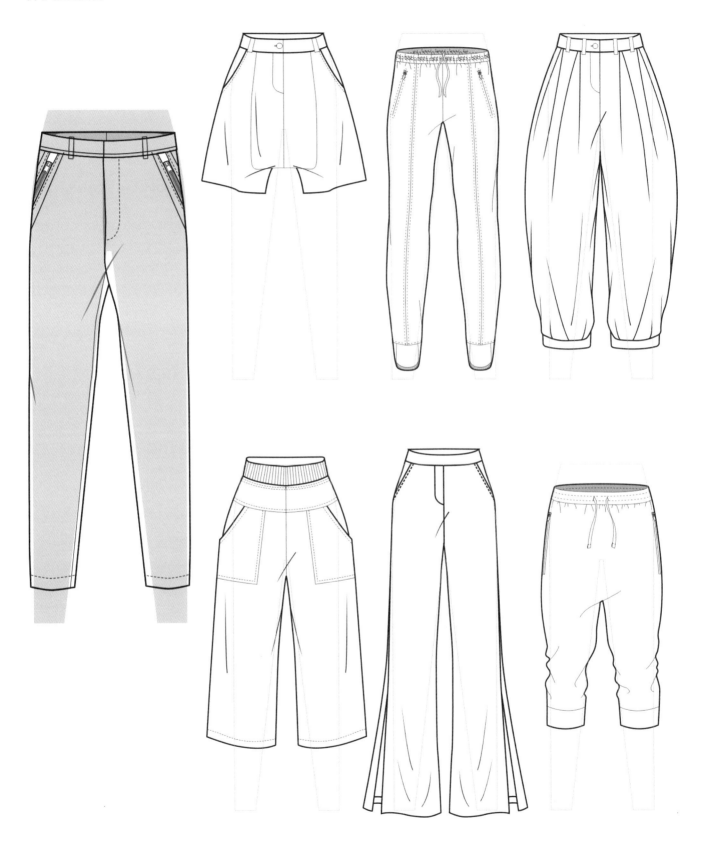

礼服款式图例

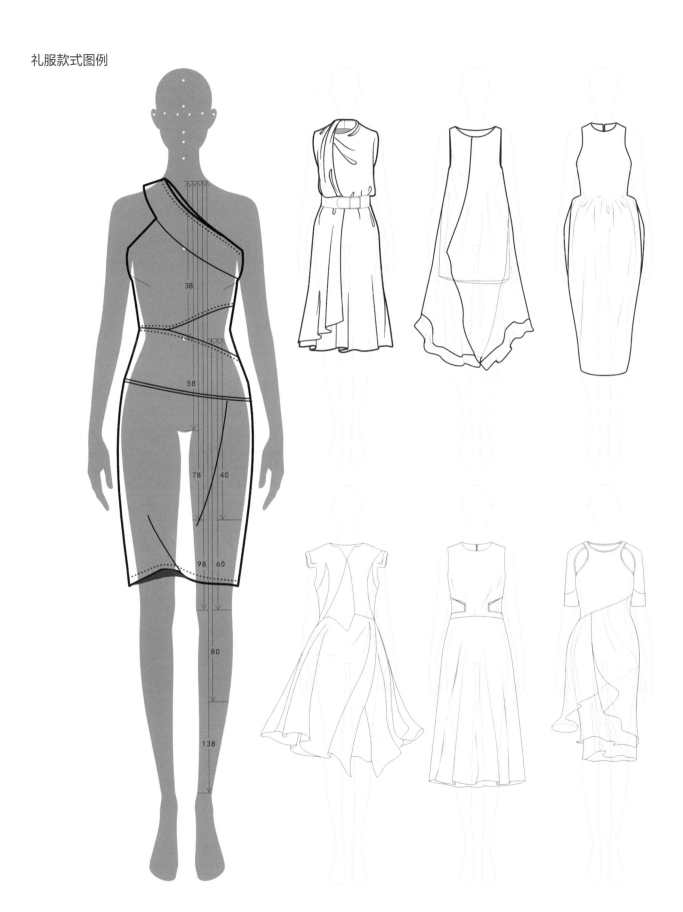

38

58

78 40

98 60

80

138

4.4 "心野母型"男装款式图手绘方法

4.4.1 T恤的手绘方法

01 在已经复制好的"心野母型"男上装外轮廓的基础上，确定领口宽度点、深度点和中心对称线的位置。

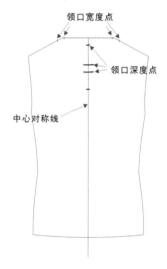

02 参照领口宽度点、深度点和中心对称线的位置，完成领子的绘制。

03 绘制袖窿线、侧缝线和下摆线的线形，完成衣身的绘制。

04 参照袖窿线绘制出袖子的线形，完成袖子的绘制。

如果有印花，需要接着完成T恤印花的绘制，然后检查并完善T恤的铅笔线稿绘制。

05 用水性笔将T恤的铅笔线稿勾勒出来，然后用橡皮将铅笔线稿擦干净，完成T恤衫正面款式图的手稿绘制。

在本步骤完成装饰线、缝合线、衣纹线等线迹的绘制。

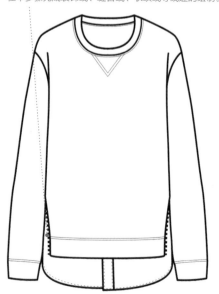

06 参照T恤正面款式图的手绘方法，完成T恤背面款式图的手稿绘制。

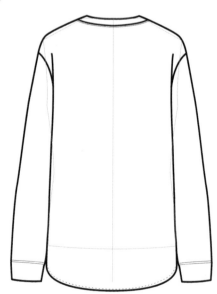

4.4.2 衬衣的手绘方法

01 在已勾勒好的"心野母型"男上装外轮廓的基础上,确定领口宽度点、深度点和中心对称线的位置。

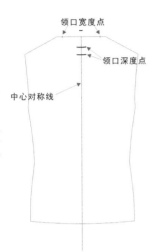

领口宽度点
领口深度点
中心对称线

02 参照领口宽度点、深度点和中心对称线的位置,完成领子的绘制。

03 绘制出袖窿线、侧缝线和下摆线的线形,完成衣身的绘制。

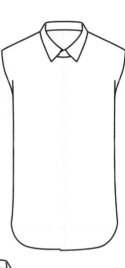

04 依据衣型的宽度和长度,确定袖子的宽度和长度,完成袖子的绘制。

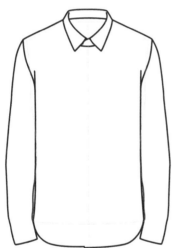

05 绘制内部结构线和确定扣子的点位,完成衬衣内部结构的绘制。

06 用水性笔将衬衣的铅笔线稿勾勒出来,然后用橡皮将铅笔线稿擦干净,完成衬衣正面款式图的手稿绘制。

在本步骤完成装饰线、缝合线、衣纹线等线迹的绘制。

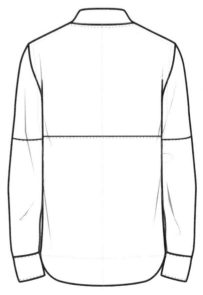

07 参照衬衣正面款式图的手绘方法,完成衬衣背面款式图的手稿绘制。

4.4.3 针织毛衫的手绘方法

01 在已经复制好的"心野母型"男上装外轮廓的基础上，确定领口宽度点、深度点、领子高度点和中心对称线的位置。

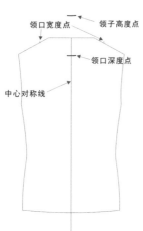

领口宽度点　领子高度点
领口深度点
中心对称线

02 参照领口宽度点、深度点、领子高度点和中心对称线的位置，完成领子的绘制。

03 绘制袖窿线、侧缝线和下摆线的线形，完成衣身的绘制。

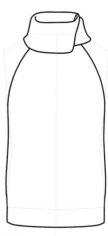

04 依据衣型的宽度和长度，确定袖子的宽度和长度，完成袖子的绘制。

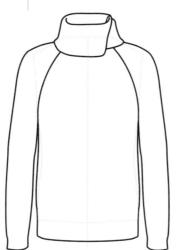

05 绘制出内部结构线及花纹针法，完成针织毛衫内部结构的绘制。

检查并完善外套的铅笔线稿绘制。

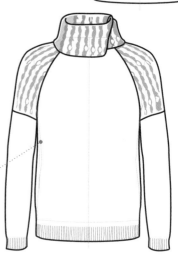

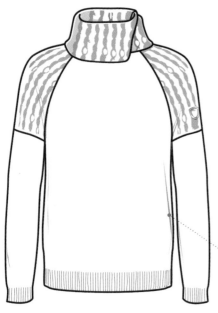

06 用水性笔将针织毛衫的铅笔线稿勾勒出来，然后用橡皮将铅笔线稿擦干净，完成针织毛衫正面款式图的手稿绘制。

在本步骤完成衣纹线迹的绘制。

07 参照针织毛衫正面款式图的手绘方法，完成针织毛衫背面款式图手稿绘制。

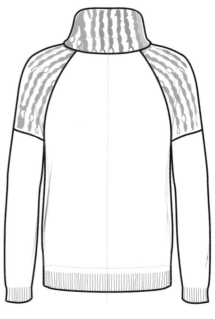

4.4.4 外套的手绘方法

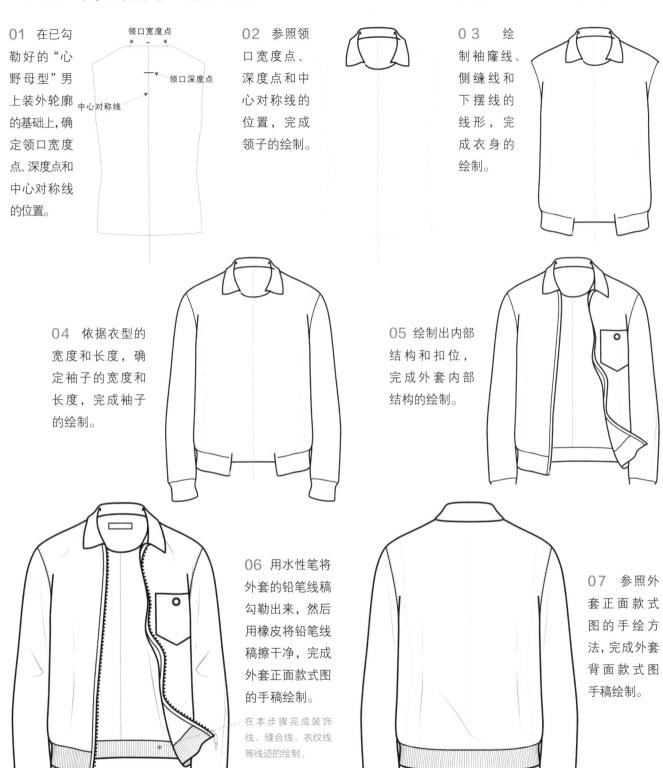

01 在已勾勒好的"心野母型"男上装外轮廓的基础上,确定领口宽度点、深度点和中心对称线的位置。

领口宽度点

领口深度点

中心对称线

02 参照领口宽度点、深度点和中心对称线的位置,完成领子的绘制。

03 绘制袖窿线、侧缝线和下摆线的线形,完成衣身的绘制。

04 依据衣型的宽度和长度,确定袖子的宽度和长度,完成袖子的绘制。

05 绘制出内部结构和扣位,完成外套内部结构的绘制。

06 用水性笔将外套的铅笔线稿勾勒出来,然后用橡皮将铅笔线稿擦干净,完成外套正面款式图的手稿绘制。

在本步骤完成装饰线、缝合线、衣纹线等线迹的绘制。

07 参照外套正面款式图的手绘方法,完成外套背面款式图手稿绘制。

4.4.5 西装的手绘方法

01 在已勾勒好的"心野母型"男上装外轮廓的基础上,确定领口宽度点、深度点和中心对称线的位置。

领口宽度点

中心对称线

领口深度点

02 参照领口宽度点、深度点和中心对称线的位置,完成领子的绘制。

03 绘制袖窿线、侧缝线和下摆线的线形,完成衣身的绘制。

可以将男西装肩宽画得略宽一点儿。

04 依据衣型的宽度和长度,确定袖子的宽度和长度,完成袖子的绘制。

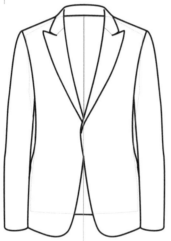

05 绘制出内部结构和扣位,完成西装内部结构的绘制。

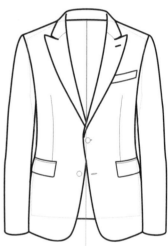

06 用水性笔将西装的铅笔线稿勾勒出来,然后用橡皮将铅笔线稿擦干净,完成西装正面款式图的手稿绘制。

在本步骤完成装饰线、缝合线、衣纹线等线迹的绘制。

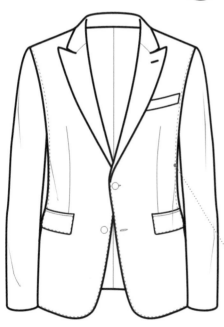

07 参照西装正面款式图的手绘方法,完成西装背面款式图手稿绘制。

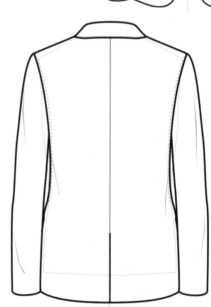

4.4.6 羽绒服的手绘方法

01 在已经复制好的"心野母型"男上装外轮廓的基础上,确定领口宽度点、深度点、领子高度点和中心对称线的位置。

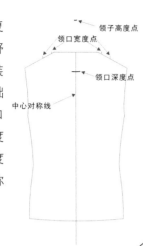

领子高度点
领口宽度点
领口深度点
中心对称线

02 参照领口宽度点、深度点、领子高度点和中心对称线的位置,完成领子的绘制。

03 绘制袖窿线、侧缝线和下摆线的线形,完成衣身的绘制。

可以将羽绒服肩宽画得略宽一点儿。

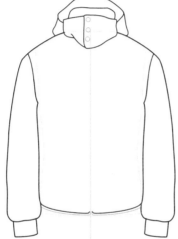

04 依据衣型的宽度和长度,确定袖子的宽度和长度,完成袖子的绘制。

05 绘制出内部结构和扣位,完成羽绒服内部结构的绘制。

06 用水性笔将羽绒服的铅笔线稿勾勒出来,然后用橡皮将铅笔线稿擦干净,完成羽绒服正面款式图的手稿绘制。

在本步骤完成装饰线、缝合线、衣纹线等线迹的绘制。

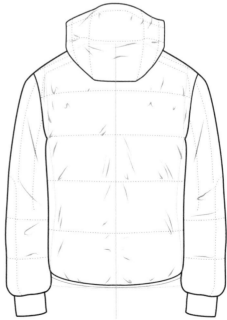

07 参照羽绒服正面款式图的手绘方法,完成羽绒服背面款式图手稿绘制。

4.4.7 大衣的手绘方法

01 在已勾勒好的"心野母型"男上装外轮廓的基础上,确定领口宽度点、深度点和中心对称线的位置。

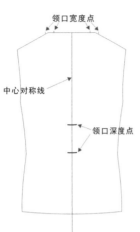

领口宽度点

中心对称线

领口深度点

02 参照领口宽度点、深度点和中心对称线的位置,完成领子的绘制。

03 绘制袖窿线、侧缝线和下摆线的线形,完成衣身的绘制。

04 依据衣型的宽度和长度,确定袖子的宽度和长度,完成袖子的绘制。

另外也可以参考"心野母型"的衣长确定袖子的长度。

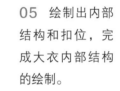

05 绘制出内部结构和扣位,完成大衣内部结构的绘制。

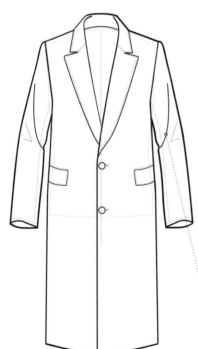

06 用水性笔将大衣的铅笔线稿勾勒出来,然后用橡皮将铅笔线稿擦干净,完成大衣正面款式图的手稿绘制。

在本步骤完成装饰线、缝合线、衣纹线等线迹的绘制。

07 参照大衣正面款式图的手绘方法,完成大衣背面款式图手稿绘制。

4.4.8 裤子的手绘方法

01 在已勾勒好的"心野母型"男裤外轮廓的基础上，确定腰头高度点、装腰点和中心对称线的位置。

02 参照腰头高度点、装腰点和中心对称线的位置，完成腰头的绘制。

03 绘制出裤腿侧缝线和脚口线，完成裤腿的绘制。

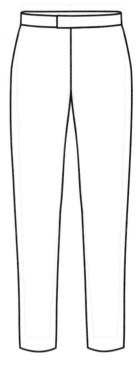

04 绘制出内部结构线，完成裤子内部结构的绘制。

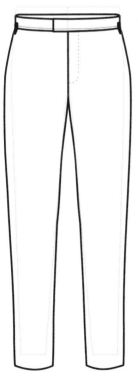

05 用水性笔将裤子的铅笔线稿勾勒出来，然后用橡皮将铅笔线稿擦干净，完成裤子正面款式图的手稿绘制。

在本步骤完成装饰线、缝合线、衣纹线等线迹的绘制。

06 参照裤子正面款式图的手绘方法，完成裤子背面款式图手稿绘制。

T恤款式图例

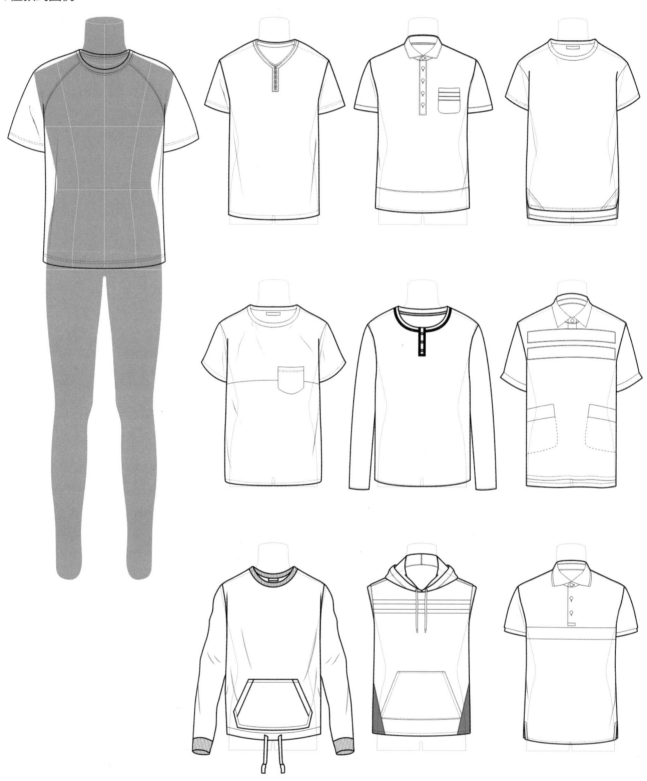

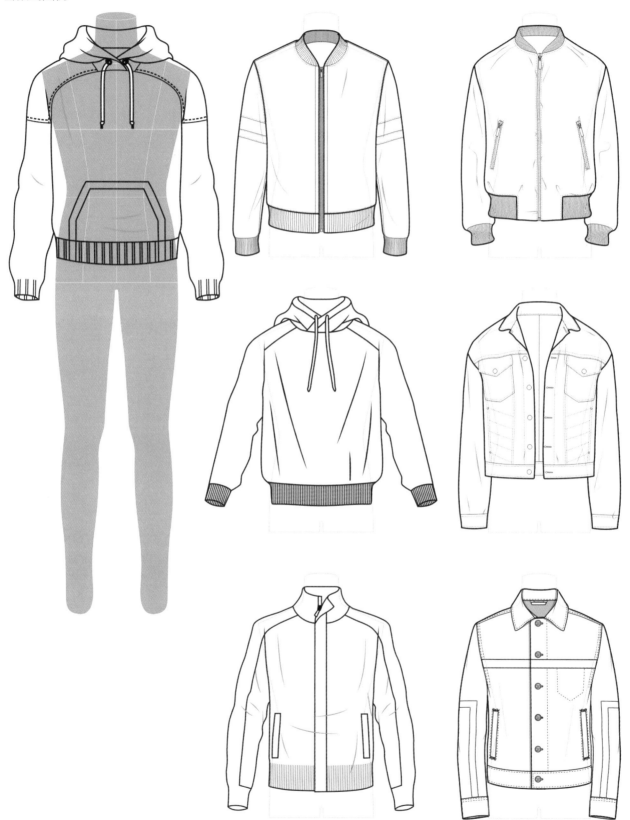

西装款式图例

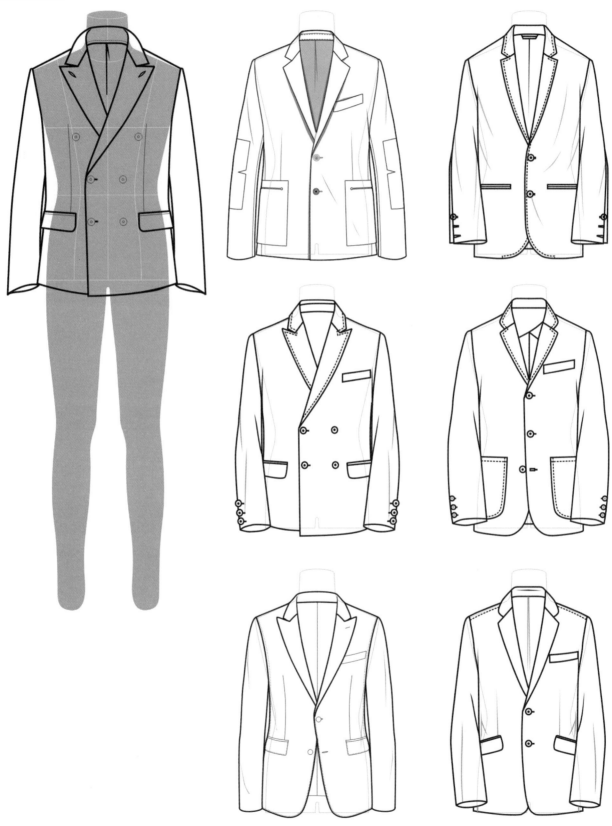

大衣款式图例

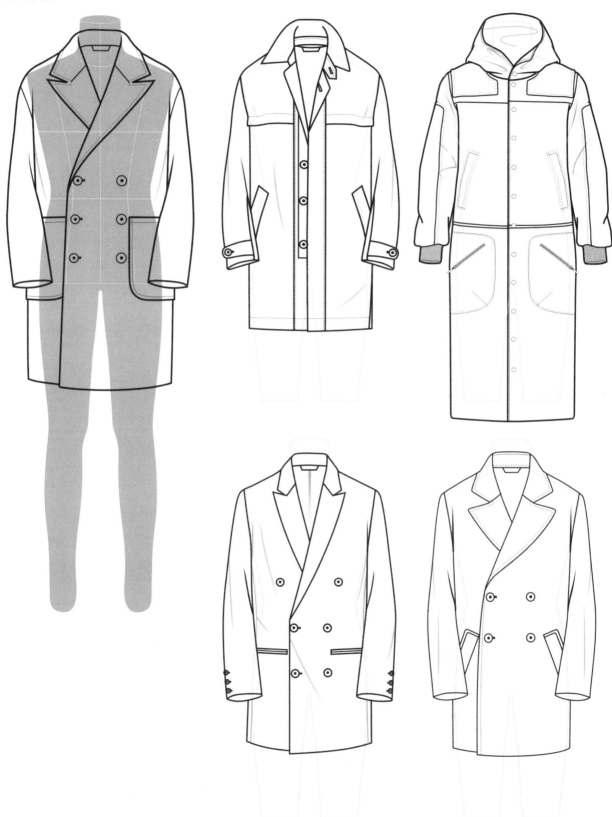

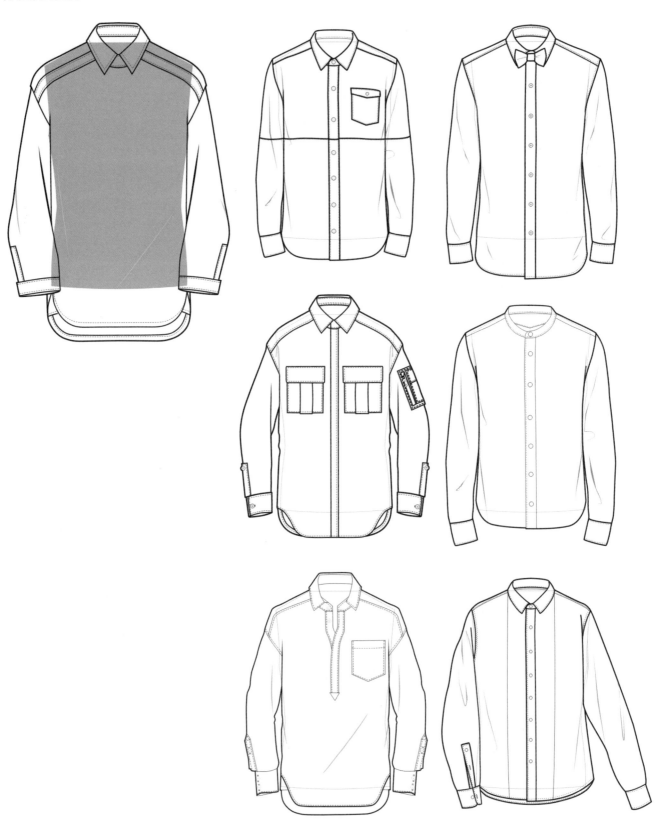

裤子款式图例

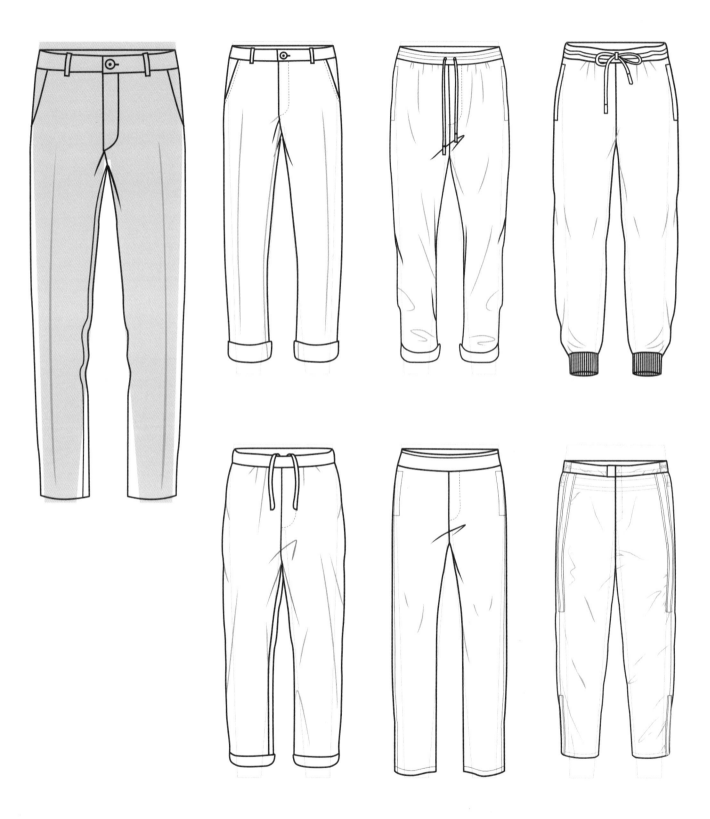

4.5 肩宽比例法在童装款式图中的运用

4.5.1 幼童T恤的手绘方法

01 先画出肩宽线，然后在其中心点位置以肩宽线1.3倍的数值画出衣长线。

衣长线参考儿童肩宽与上身比例，幼童为1:1.3、小童为1:1.4、中童为1:1.5、大童为1:1.6。

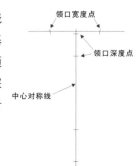

02 在肩宽线和衣长线的基础上，确定领口宽度点、深度点和中心对称线的位置。

03 参照领口宽度点、深度点和中心对称线的位置，完成领子的绘制。

04 绘制肩斜线、袖窿线、侧缝线和下摆线的线形，完成衣身的绘制。

衣身的宽度约等宽于肩宽线，衣身的长度约等长于衣长线。

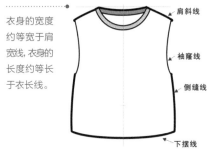

05 参照袖窿线绘制出袖子的线形，完成袖子的绘制。

06 绘制内部结构线和印花图案等，完成T恤内部结构的绘制。

07 用水性笔将T恤的铅笔线稿勾勒出来，然后用橡皮将铅笔线稿擦干净，完成T恤正面款式图的手稿绘制。

在本步骤完成装饰线、缝合线、衣纹线等线迹的绘制。

08 参照T恤正面款式图的手绘方法，完成T恤背面款式图的手稿绘制。

4.5.2 小童衬衣的手绘方法

01 先画出肩宽线，然后在其中心点位置以肩宽线1.4倍的数值画出衣长线。

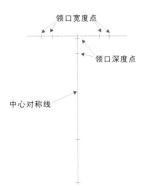

衣长线参考小童肩宽与上身比例，小童为1:1.3。

02 在肩宽线和衣长线的基础上，确定领口宽度点、深度点和中心对称线的位置。

03 参照领口宽度点、深度点和中心对称线的位置，完成领子的绘制。

04 绘制肩斜线、袖窿线、侧缝线和下摆线的线形，完成衣身的绘制。

衣身的宽度约等宽于肩宽线，衣身的长度约等长于衣长线。

05 参照袖窿线绘制出袖子的线形，完成袖子的绘制。

06 绘制内部结构线和扣子等，完成衬衣内部结构的绘制。

07 用水性笔将衬衣的铅笔线稿勾勒出来，然后用橡皮将铅笔线稿擦干净，完成衬衣正面款式图的手稿绘制。

08 参照衬衣正面款式图的手绘方法，完成衬衣背面款式图的手稿绘制。

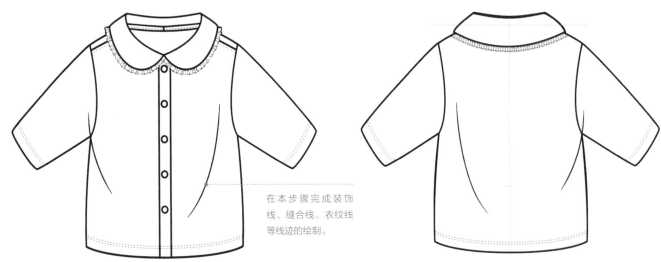

在本步骤完成装饰线、缝合线、衣纹线等线迹的绘制。

4.5.3 中童外套的手绘方法

01 先画出肩宽线，然后在其中心点位置以肩宽线1.5倍的数值画出衣长线。

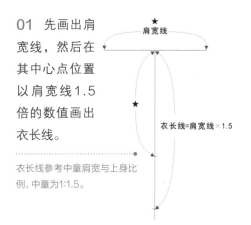

衣长线参考中童肩宽与上身比例，中童为1:1.5。

02 在肩宽线和衣长线的基础上，确定帽子宽度点、深度点和中心对称线的位置。

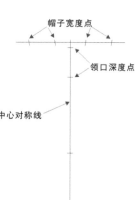

03 参照帽子宽度点、深度点和中心对称线的位置，完成帽子的绘制。

04 绘制肩斜线、袖窿线、侧缝线和下摆线的线形，完成衣身的绘制。

衣身的宽度约等宽于肩宽线，衣身的长度约等长于衣长线。

05 参照袖窿线绘制出袖子的线形，在衣身的基础上完成袖子的绘制。

06 绘制内部结构线和口袋盖等，完成外套内部结构的绘制。

07 用水性笔将外套的铅笔线稿勾勒出来，然后用橡皮将铅笔线稿擦干净，完成外套正面款式图的手稿绘制。

在本步骤完成装饰线、缝合线、衣纹线等线迹的绘制。

08 参照外套正面款式图的手绘方法，完成外套背面款式图的手稿绘制。

4.5.4 大童大衣的手绘方法

01 先画出肩宽线，然后在其中心点位置以肩宽线1.6倍的数值画出衣长线。

衣长线参考大童肩宽与上身比例，大童为1:1.6。

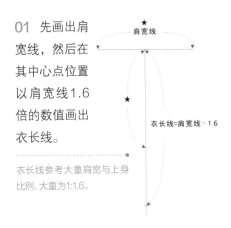

02 在肩宽线和衣长线的基础上，确定领子宽度点、深度点和中心对称线的位置。

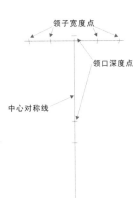

03 参照领子宽度点、深度点和中心对称线的位置，完成领子的绘制。

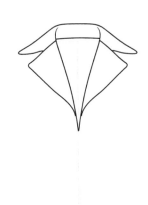

04 绘制肩斜线、袖窿线、侧缝线和下摆线的线形，完成衣身的绘制。

服装长度参考衣身线的尺寸来定。

05 参照袖窿线绘制出袖子的线形，完成袖子的绘制。

06 绘制内部结构线与扣位，完成大衣内部结构的绘制。

07 用水性笔将大衣的铅笔线稿勾勒出来，然后用橡皮将铅笔线稿擦干净，完成大衣正面款式图的手稿绘制。

在本步骤完成装饰线、缝合线、衣纹线等线迹的绘制。

08 参照大衣正面款式图的手绘方法，完成大衣背面款式图的手稿绘制。

4.5.5 幼童连体衣的手绘方法

01 先画出肩宽线，然后在其中心点位置以肩宽线2.5倍的数值画出衣长线。

在绘制连体衣时，着装长度参照幼童的肩宽着装比例，幼童为1:2.5。

02 在肩宽线和衣长线的基础上，确定领口宽度点、深度点、中心对称线和裤裆点的位置。

03 参照领口宽度点、深度点、中心对称线和裤裆点的位置，完成领子和帽子的绘制。

04 绘制肩斜线、袖窿线、侧缝线和下摆线的线形，完成衣身的绘制。

05 参照袖窿线绘制出袖子的线形，完成袖子的绘制。

06 绘制内部结构线与扣位，完成连体衣内部结构的绘制。

07 用水性笔将连体衣的铅笔线稿勾勒出来，然后用橡皮将铅笔线稿擦干净，完成连体衣正面款式图的手稿绘制。

在本步骤完成装饰线、缝合线、衣纹线等线迹的绘制。

08 参照连体衣正面款式图的手绘方法，完成连体衣背面款式图的手稿绘制。

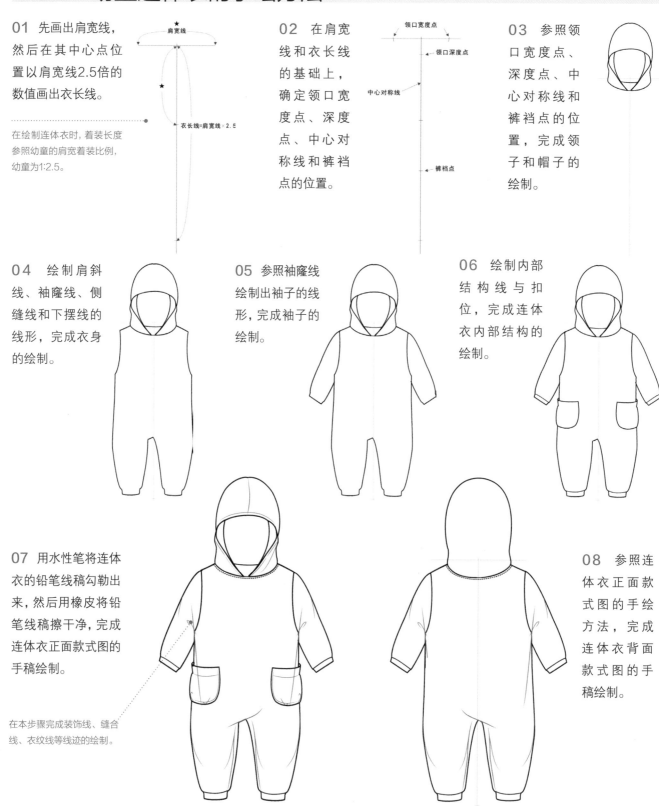

4.5.6 小童裤子的手绘方法

01 先画出肩宽线，然后在其中心点位置以肩宽线2.3倍的数值画出下身长。

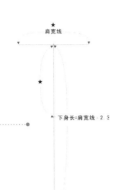

下身长参考小童肩宽与下身比例，大童为1:2.3。

02 在腰头宽度点、高度点、中心对称线和裤裆点的基础上，确定腰头宽度点、高度点和裤裆点的位置。

03 参照腰头宽度点、高度点、中心对称线的位置，完成腰头的绘制。

04 参照裤裆点的位置，完成裤腿内侧缝和脚口线形的绘制。

05 参照裤腿内侧缝的线形，完成裤腿外侧缝的绘制。

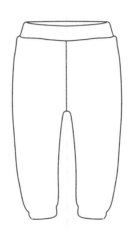

06 绘制内部结构线与腰带等，完成裤子内部结构的绘制。

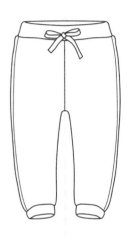

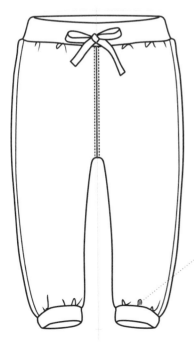

07 用水性笔将裤子的铅笔线稿勾勒出来，然后用橡皮将铅笔线稿擦干净，完成裤子正面款式图的手稿绘制。

在本步骤完成装饰线、缝合线、衣纹线等线迹的绘制。

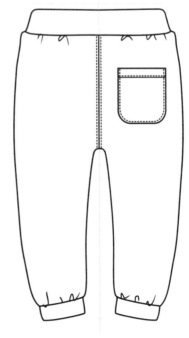

08 参照裤子正面款式图的手绘方法，完成裤子背面款式图的手稿绘制。

4.5.7 中童裙子的手绘方法

01 先画出肩宽线，然后在其中心点位置以肩宽线2.5倍的数值画出下身长。

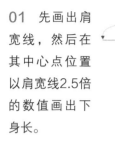

下身长参考中童肩宽与下身比例，中童为1:2.5。

02 在肩宽线和下身长的基础上，确定腰头宽度点、高度点和膝关节点的位置。

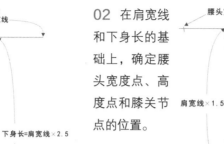
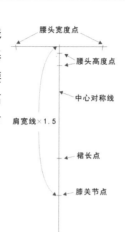

03 参照腰头宽度点、高度点、中心对称线的位置，完成腰头的绘制。

04 参照膝关节点的位置，完成下摆线和侧缝线的绘制。

05 绘制内部结构线与口袋等，完成裙子内部结构的绘制。

06 用水性笔将裙子的铅笔线稿勾勒出来，然后用橡皮将铅笔线稿擦干净，完成裙子正面款式图的手稿绘制。

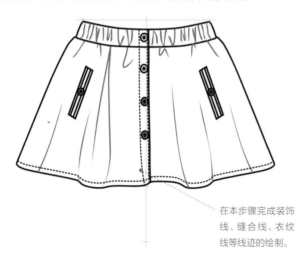

在本步骤完成装饰线、缝合线、衣纹线等线迹的绘制。

07 参照裙子正面款式图的手绘方法，完成裙子背面款式图的手稿绘制。

4.5.8 大童连衣裙的手绘方法

01 先画出肩宽线，然后在其中心点位置以肩宽线1.6倍的数值画出上身长。

上身长参考大童肩宽与上身比例，大童为1:1.6。

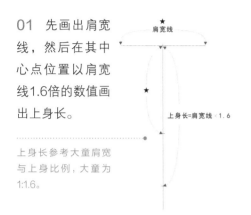

02 在肩宽线和上身长的基础上，确定领口宽度点、高度点和腰节点的位置。

03 参照领口宽度点、高度点、中心对称线的位置，完成领口的绘制。

04 参照腰节点的位置，完成袖窿线、侧缝线和下摆的绘制。

05 参照袖窿线绘制出袖子的线形，完成袖子的绘制。

06 绘制内部结构线与蝴蝶结等，完成连衣裙内部结构的绘制。

07 用水性笔将连衣裙的铅笔线稿勾勒出来，然后用橡皮将铅笔线稿擦干净，完成连衣裙正面款式图的手稿绘制。

在本步骤完成装饰线、缝合线、衣纹线等线迹的绘制。

08 参照连衣裙正面款式图的手绘方法，完成连衣裙背面款式图的手稿绘制。

05

服装面料手绘方法

面料是服装的设计三大构成要素之一，不同的面料具备不同的特性，而这些特性有其独特的手绘表现技法。其中常见的绘画技法有平涂法、渲染法、撒盐法、点绘法、撒丝法、喷溅法、盖印法、剪贴法、干画法、湿画法等。绘画时影响面料质感表现的主要因素有线描特性、图案填充、织纹走向、明暗关系、色彩搭配等。

5.1 常见服装面料的手绘表现

5.1.1 透明薄纱面料

01 先用浅色平铺所有薄纱部位。

02 待画纸变干后，再略微加深薄纱重叠部位的颜色。

03 待画纸变干后，再次略微加深薄纱重叠部位的颜色，并勾画出褶皱线。

04 用较深的颜色刻画出褶皱线的暗部，完成最终效果。

 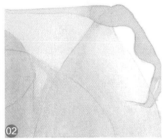 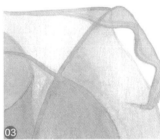 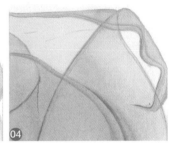

5.1.2 绸缎面料

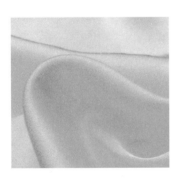

01 先用浅色渲染底色，表现绸缎面料的褶皱关系，并运用留白表现高光。

02 待画纸变干后，加深暗部的颜色。

03 将画笔蘸上清水后，平涂高光部位，趁画纸湿润时加深画笔颜色，并沿着高光边缘向中间部位过渡渲染。

04 用较深的颜色刻画出褶皱线的暗部，完成最终效果。

 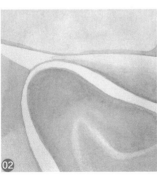 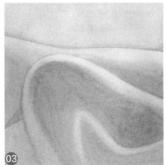 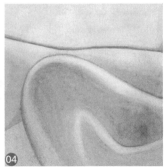

5.1.3 牛仔面料

01 用深蓝色渲染底色。

02 待画纸变干后，均匀地勾满黑色斜线。

03 在黑色斜线间，用白色点出泛白的虚线。

04 用黑色水性笔在白虚线上勾画出长短不一的短斜线，并进一步刻画面料暗部，完成最终效果。

5.1.4 毛呢面料

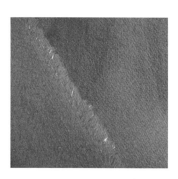

01 用型号大一点的画笔渲染底色。

02 待画纸变干后，用深色紧密地勾满波浪形斜线。

03 选用一支干的画笔，在笔尖上点上白色颜料并随意零散的点满画面，表现出毛穗的效果。

04 进一步刻画纹理暗部和细节，完成最终效果。

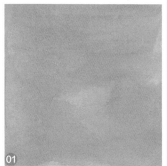 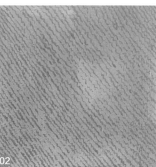  

5.1.5 皮革面料

01 用笔头大的画笔渲染底色，并将高光部位留白。

02 用深色加强褶皱的暗部，并渲染高光部位。

03 选用一支干的画笔蘸取白色颜料，提亮褶皱高光部位，使其出现粗糙的效果。

04 进一步刻画褶皱暗部，并用深色在面料暗部画出一些不规则的小点，完成最终效果。

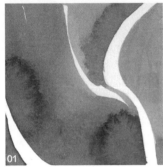
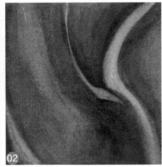
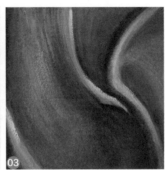

5.1.6 皮草面料

01 用笔头大的画笔渲染底色，并绘制出毛峰的走向。

02 顺着毛发走向，用深色绘制暗部。

03 用更深的颜色进一步加强毛发暗部，丰富层次感。

04 加入少量环境色，然后用白色勾勒出毛发高光部位，完成最终效果。

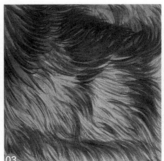
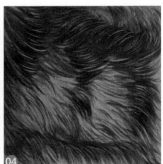

5.1.7 毛衫面料

01 用铅笔轻轻勾勒出八字纹并铺底色。

02 用深色绘制纹理暗部。

03 绘制出八字纹的明暗关系，并强调织物的凹凸感，丰富层次。

04 用细线勾勒出织纹肌理细节，完成最终效果。

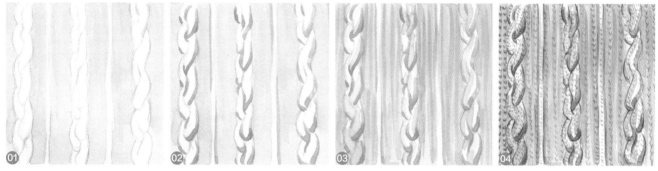

5.1.8 蕾丝面料

01 用铅笔勾勒出大致的花纹图案并铺底色。

02 用白色颜料绘制花纹图案的轮廓线。

03 加深底色突出花纹。

04 用细线勾勒出网纹肌理细节，完成最终效果。

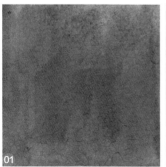

5.1.9 灯芯绒面料

01 用铅笔勾勒出条纹并铺底色。

02 加深条纹的暗部，表现出条纹的凹凸感。

03 随意画出一些深色的小杂点，可以将笔尖处理成分叉状态再画。

04 在深色杂点上，随意点出一些白色点，完成最终效果。

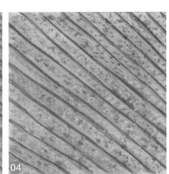

5.1.10 亮片面料

01 用铅笔勾勒出亮片的轮廓并铺底色。

02 加深亮片的暗部。

03 画出亮片的亮部。

04 进一步刻画亮部和暗部，完成最终效果。

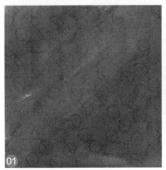
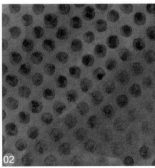
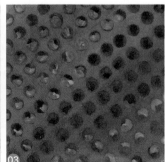

5.2 常见服装面料的手稿绘制

5.2.1 针织面料

绘画技法： 平涂法、点绘法、晕染法。
工具材料： 自动铅笔、毛质画笔、防水勾线笔、水彩颜料、水彩纸。

01 用自动铅笔起稿，然后画服装造型，接着用防水勾线笔完成线稿的绘制。

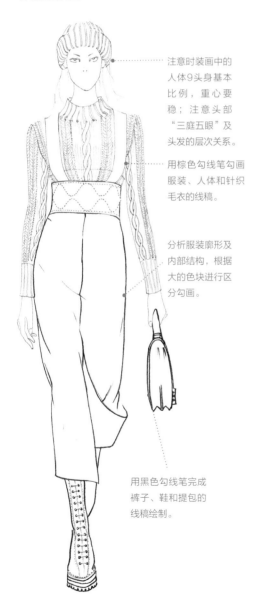

注意时装画中的人体9头身基本比例，重心要稳；注意头部"三庭五眼"及头发的层次关系。

用棕色勾线笔勾画服装、人体和针织毛衣的线稿。

分析服装廓形及内部结构，根据大的色块进行区分勾画。

用黑色勾线笔完成裤子、鞋和提包的线稿绘制。

调制暗部肤色："调好的肤色+少量赭石色"。

调制肤色："肉色+少量朱红"或"洋红+大量清水"，调成流水透明状。

02 对皮肤进行上色。选择笔头大小合适的毛笔，从头部开始平铺肤色，然后确定光源方向，刻画肤色暗部（不用换笔）。

03 涂上针织毛衣面料底色。选择笔头大小合适的毛笔，用平涂法完成毛衣、帽子部位的上色。

调制毛衣底色："土黄+少量玫瑰红+大量清水"，调成流水透明状。

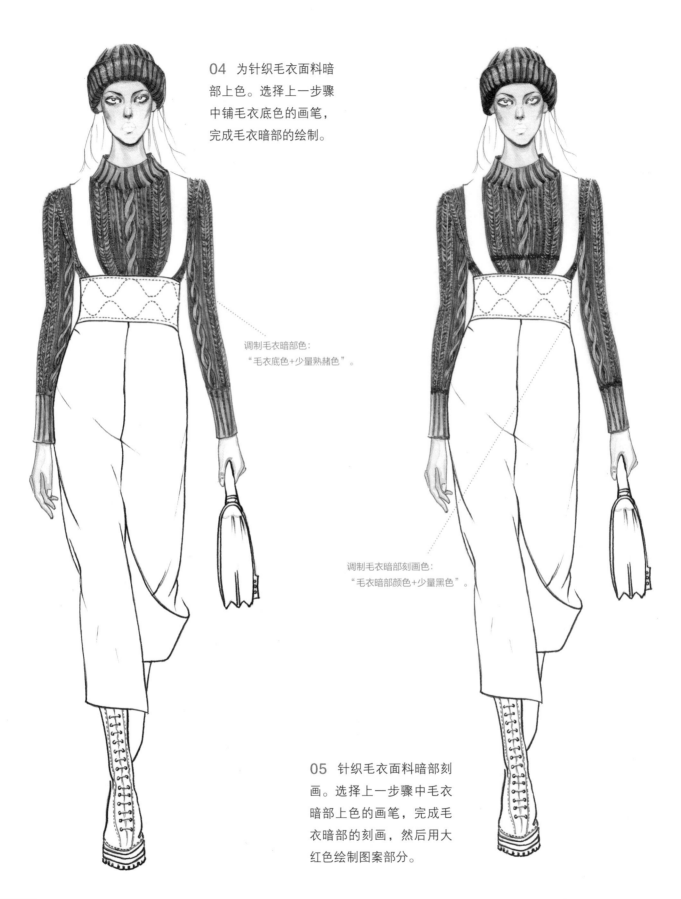

04 为针织毛衣面料暗
部上色。选择上一步骤
中铺毛衣底色的画笔，
完成毛衣暗部的绘制。

调制毛衣暗部色：
"毛衣底色+少量熟赭色"。

调制毛衣暗部刻画色：
"毛衣暗部颜色+少量黑色"。

05 针织毛衣面料暗部刻
画。选择上一步骤中毛衣
暗部上色的画笔，完成毛
衣暗部的刻画，然后用大
红色绘制图案部分。

06　其他部位的上色。采用先铺底色，再为暗部上色，最后刻画暗部的方法，完成其他部位的颜色绘制。

5.2.2 绸缎面料

绘画技法： 平涂法、点绘法、晕染法。
工具材料： 自动铅笔、毛质画笔、防水勾线笔、水彩颜料、水彩纸。

01 用自动铅笔起稿，然后画服装造型，接着用防水勾线笔完成线稿的绘制。

注意时装画中的人体9头身基本比例，重心要稳；注意头部"三庭五眼"及头发的层次关系。

分析服装廓形及内部结构，根据大的色块进行区分勾画。

用棕色勾线笔完成服装、人体和小礼服的线稿绘制。

用黑色勾线笔完成鞋和图案的线稿绘制。

调制肤色："肉色+少量朱红"或"洋红+大量清水"，调成流水透明状。

02 对皮肤进行上色。选择笔头大小合适的毛笔，从头部开始平铺肤色，然后确定光源方向，刻画肤色暗部（不用换笔）。

调制暗部肤色："调好的肤色+少量赭石色"。

03 涂上绸缎面料底色。选择笔头大小合适的毛笔，用晕染法和留白法完成小礼服的上色。

调制小礼服底色："柠檬黄+少量橙色+大量清水"，调成流水透明状。

04 为绸缎面料暗部上色。选择上一步骤中铺小礼服底色的画笔，完成小礼服底色暗部的绘制。

调制小礼服底色暗部颜色："小礼服底色+少量赭石色"。

05 其他部位的上色。采用先铺底色，再为暗部上色，最后刻画暗部的方法，完成其他部位的绘制。

5.2.3 光感面料

绘画技法： 平涂法、点绘法、干画法、晕染法。

工具材料： 自动铅笔、毛质画笔、防水勾线笔、水彩颜料、水彩纸。

01 用自动铅笔起稿，然后画服装造型，接着用防水勾线笔完成线稿的绘制。

注意时装画中的人体9头身基本比例，重心要稳；注意头部"三庭五眼"及头发的层次关系。

分析服装廓形及内部结构，根据大的色块进行区分勾画。

用黑色勾线笔完成上衣、裙子、鞋、袜子及头发的线稿绘制。

03 对光感面料亮部进行上色。选择笔头大小合适的毛笔，用平涂法完成裙子的亮部上色。

调制上衣底色："群青+少量绿色+大量清水"。

调制暗部肤色："调好的肤色+少量赭石色"。

调制裙子底色："柠檬黄+大量清水"，调成流水透明状。

用棕色勾线笔完成服装、人体线稿的绘制。

调制肤色："肉色+少量朱红"或"洋红+大量清水"，调成流水透明状。

02 对皮肤进行上色。选择笔头大小合适的毛笔，从头部开始平铺肤色，然后确定光源方向，刻画肤色暗部（不用换笔）。

04 对光感面料上色。选择一支干净的画笔，完成光感面料裙子的绘制。

06 其他部位的上色。采用先铺底色，再为暗部上色，最后刻画暗部的方法，完成其他部位的绘制。

05 对光感面料暗部进行刻画。选择上一步骤中为裙子暗部上色的画笔，完成裙子暗部的刻画。

调制裙子色："大红+少量清水"。

调制裙子暗部刻画色："裙子暗部颜色+玫瑰红+少量黑色"。

5.2.4 皮草与皮革面料

绘画技法： 平涂法、点绘法、撇丝法、晕染法。

工具材料： 自动铅笔、毛质画笔、防水勾线笔、水彩颜料、水彩纸。

01 用自动铅笔起稿，然后画服装造型，接着用防水勾线笔完成线稿的绘制。

注意时装画中的人体9头身基本比例，重心要稳；注意头部"三庭五眼"及头发的层次关系。

用棕色勾线笔完成服装、人体、皮草与皮革面料的线稿绘制。

分析服装廓形及内部结构，根据大的色块进行区分勾画。

用黑色勾线笔完成裙子蕾丝花边、鞋的线稿绘制。

03 绘制皮草与皮革面料的底色。选择笔头大小合适的毛笔，用平涂法完成皮草与皮革面料部位的上色。

调制暗部肤色："调好的肤色+少量赭石色"。

02 对皮肤进行上色。选择笔头大小合适的毛笔，从头部开始平铺肤色，然后确定光源方向，刻画肤色暗部（不用换笔）。

调制肤色："肉色+少量朱红"或"洋红+大量清水"，调成流水透明状。

调制皮草与皮革面料底色："赭石色+少量大红+大量清水"，调成流水透明状。

04 对皮草与皮革面料暗部进行上色。选择上一步骤中铺皮草与皮革底色的画笔，完成皮草与皮革暗部的绘制。

调制皮草与皮革暗部色："皮草与皮革底色+少量赭石色+少量群青色"。

调制皮草与皮革暗部刻画色："皮草与皮革暗部颜色+少量黑色"。

06 其他部位的上色。采用先铺底色，再为暗部上色，最后刻画暗部的方法，完成其他部位的绘制。

05 对皮草与皮革面料亮部和暗部进行刻画。选择上一步骤中为皮草与皮革暗部上色的画笔，完成皮草与皮革暗部的刻画，然后用白色颜料或白色高光笔绘制亮部。

5.2.5 牛仔面料

绘画技法：平涂法、点绘法、留白法。

工具材料：自动铅笔、毛质画笔、防水勾线笔、水彩颜料、水彩纸。

01 用自动铅笔起稿，然后画服装造型，接着用防水勾线笔完成线稿的绘制。

注意时装画中的9头身基本比例，重心要稳；注意头部"三庭五眼"及头发的层次关系。

分析服装廓形及内部结构，根据大的色块进行区分勾画。

用棕色勾线笔完成服装、人体的线稿绘制。

用黑色勾线笔完成T恤、牛仔面料、帽子、鞋的线稿绘制。由于牛仔面料有一定的厚度，所以服装的勾线可以适当粗一点儿。

03 涂上牛仔面料底色。选择笔头大小合适的毛笔，用平涂法和留白法完成牛仔面料部位的上色。

调制暗部肤色："调好的肤色+少量赭石色"。

调制肤色："肉色+少量朱红"或"洋红+大量清水"，调成流水透明状。

调制牛仔面料底色："群青色+少量青莲色+大量清水"，调成流水透明状。

02 对皮肤进行上色。选择笔头大小合适的毛笔，从头部开始平铺肤色，然后确定光源方向，刻画肤色暗部（不用换笔）。

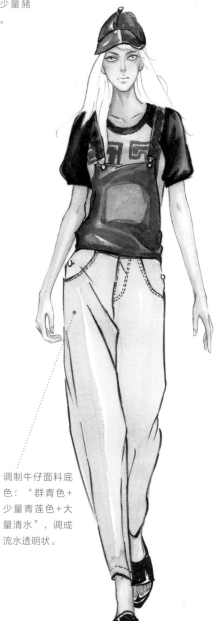

04 对牛仔面料暗部
进行上色。选择上一
步骤中铺牛仔面料底
色的画笔，完成牛仔
面料暗部的绘制。

调制牛仔面料暗
部颜色："牛仔
面料底色+少量
黑色"。

05 用白色高光笔刻
画牛仔面料纹理，然
后采用先铺底色，再
为暗部上色，最终刻
画暗部的方法，完成
其他部位的绘制。

5.2.6 人字呢面料

绘画技法： 平涂法、晕染法。
工具材料： 自动铅笔、毛质画笔、防水勾线笔、水彩颜料、水彩纸。

01 用自动铅笔起稿，然后画服装造型，接着用防水勾线笔完成线稿的绘制。

03 绘制人字呢面料的底色。选择笔头大小合适的毛笔，用平涂法完成人字呢面料的底色绘制。

注意人字图案需要分组，分块面刻画，不要害怕纹理多，其实很快就可以画好。

分析服装廓形及内部结构，根据大的色块进行区分勾画。

一定不要用笔头小的画笔平涂大面积的颜色。

调制暗部肤色："调好的肤色+少量赭石色"。

调制肤色："肉色+少量朱红"或"洋红+大量清水"，调成流水透明状。

调制人字呢面料底色："蓝色+少量绿色+适量清水"，不要调得过稀，否则底色会太淡。

用棕色勾线笔完成服装、人体的线稿绘制。

用黑色勾线笔完成头发、眼睛、服装和鞋的线稿绘制。

02 对皮肤、头发和五官进行上色。选择笔头大小合适的毛笔，从头部开始平铺肤色，然后确定光源方向，刻画肤色暗部（不用换笔）。

04 对人字呢面料的暗部进行上色。选择上一步骤中铺人字呢面料底色的画笔，根据光源的方向确定暗部的位置，完成人字呢面料暗部的绘制，然后用白色高光笔刻画亮部细节。

调制人字呢面料暗部颜色："人字呢面料底色+少量深蓝+少量大红色"。

05 其他部位的上色。采用先铺底色，再为暗部上色，最后刻画暗部的方法，完成其他部位的绘制。

5.2.7 薄纱面料

绘画技法: 平涂法、晕染法。

工具材料: 自动铅笔、毛质画笔、防水勾线笔、水彩颜料、水彩纸。

注意时装画中的人体9头身基本比例,重心要稳;注意头部"三庭五眼"及头发的层次关系。

分析服装廓形及内部结构,根据大的色块进行区分勾画。

01 用自动铅笔起稿,然后画服装造型,接着用防水勾线笔完成线稿的绘制。

用黑色勾线笔完成发饰、连衣裙的线稿绘制。

调制肤色:"肉色+少量朱红"或"洋红+大量清水",调成流水透明状。

用棕色勾线笔完成服装、人体、鞋的线稿绘制。

02 对皮肤进行上色。选择笔头大小合适的毛笔,从头部开始平铺肤色,然后确定光源方向,刻画肤色暗部(不用换笔)。

调制暗部肤色:"调好的肤色+少量赭石色。"

调制薄纱面料底色:"朱红色+少量青莲色+大量清水。"

"青莲色+大量清水"。

"橙色+朱红色+大量清水"。

调成流水透明状。

03 涂上薄纱面料底色。选择笔头大小合适的毛笔,用平涂法、渲染法完成薄纱面料部位的上色。

04 为薄纱面料暗部上色。选择上一步骤中铺薄纱面料底色的画笔，完成薄纱面料暗部的绘制。

调制薄纱面料暗部色：
"薄纱面料底色+少量深蓝、大红和紫色"。

05 对薄纱面料的亮部和暗部进行刻画。选择上一步骤中为薄纱面料暗部上色的画笔，完成薄纱面料暗部的刻画，然后用白色高光笔绘制亮部。

06 其他部位的上色。采用先铺底色，再为暗部上色，最后刻画暗部的方法，完成其他部位的绘制。

调制薄纱面料暗部刻画色："薄纱面料暗部色+少量黑色"。

06

服装手稿实例表现

在绘制服装手稿并上色之前，应做好上色前的准备工作，如画笔、调色盘是否已洗干净？绘画工具是否齐全？绘画前的心情是否已调整好？当确定没有任何问题时，便可以开始用铅笔起稿，尽量做到下笔肯定、线条流畅。开始上色时一定先从皮肤色开始，再依次按从上至下、从整体到局部、从左至右的顺序来完成画面的上色。当然我们也需要有一些绘画"绝活儿"，在平时练习上色时可以试试单手同时拿两支笔相互替换在画面上铺色，以及能够拿大号的画笔勾出细细的线条，等等。

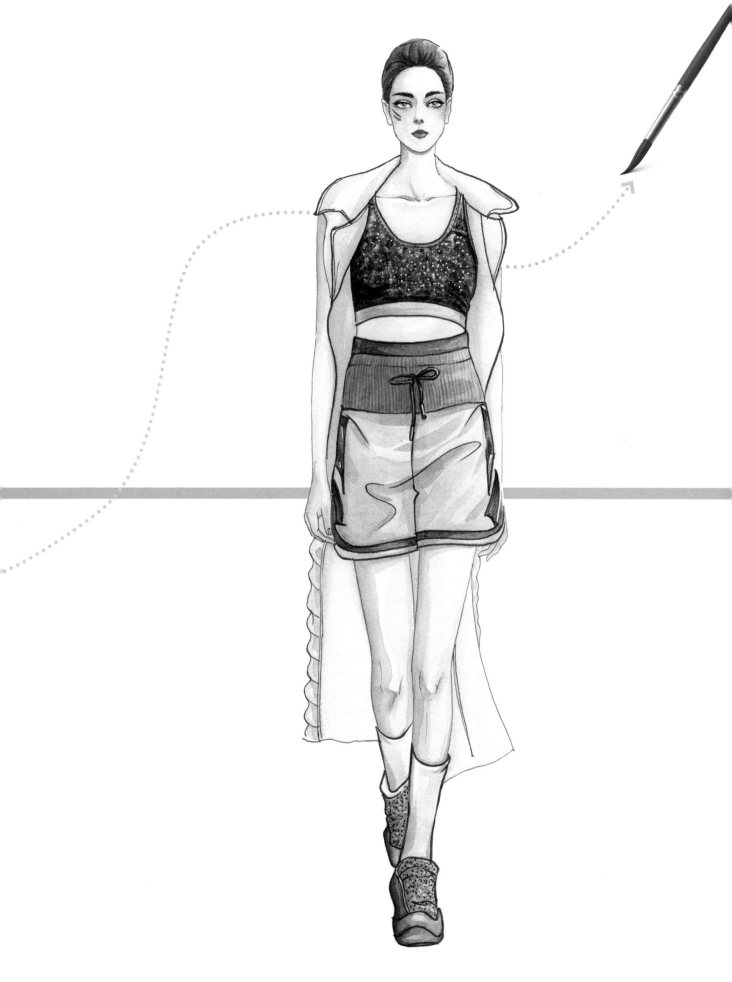

6.1 服装手稿上色方法

6.1.1 头像上色

绘画技法： 平涂法、留白法、晕染法。

工具材料： 自动铅笔、毛质画笔、防水勾线笔、荷尔拜因管装水彩颜料、300g细纹水彩纸。

01 先用防水黑色勾线笔按铅笔线稿勾出头发、帽子、耳环、眼睛部位，然后用防水棕色勾线笔勾出脸形、眉毛、鼻子、脖子、嘴角、耳朵和身体部位。

02 平涂皮肤底色，注意避开眼睛、鼻子高光、嘴巴。

调制皮肤底色："玫瑰红+朱红+肉色+大量清水"。

03 待皮肤色变干后，用清水笔平涂皮肤色，然后用渲染法点上腮红，使其自然过渡，接着描绘鼻子、嘴巴。

调制腮红色和嘴唇色："玫瑰红+朱红"。

04 勾画眉毛、眼眶、双眼皮、鼻孔、下巴和锁骨。

调制色彩："玫瑰红+深蓝色+熟褐色"。

05 刻画眼睛部分，并勾勒出眼睫毛。

先用赭石色在瞳孔周边画一圈，再用"蓝色+绿色"围绕眼珠涂一圈，在需要加深的地方加少量黑色来刻画，在需要提亮的地方加少量白色来刻画。

06 平涂头发底色。

调制头发底色："土黄+大量清水"。

07 由浅至深，分两次加深头发暗部。

调制头发暗部颜色：先用"头发底色+少量朱红色"略微加深头发暗部。

调制头发最暗部颜色：用"头发底色+少量朱红色+少量熟褐色"刻画头发最暗的部位。

08 用画头发的方法绘制帽子和耳环。

调制帽子底色："朱红+大量清水"。

调制帽子暗部颜色："朱红+少量蓝色+少量清水"。

6.1.2 服装人体上色

01 先用防水黑色勾线笔按照铅笔线稿勾出头发、眼睛、鞋部位，然后用棕色防水勾线笔勾出脸形、鼻子和身体。

02 平涂皮肤底色，注意避开眼睛、锁骨、头发和鞋。

03 加深皮肤暗部，如眼窝、鼻翼、颧骨、下巴、胸底、四肢两侧、膝关节和手指关节等部位。

04 刻画皮肤暗部及细节，如眼窝、鼻翼、颧骨、下巴、胸底、四肢两侧、膝关节和手指关节等部位，最后刻画五官、头发和鞋，完成整体绘制。

调制皮肤底色："玫瑰红+朱红+肉色+大量清水"。

调制皮肤暗部颜色："皮肤底色+少量朱红色"。

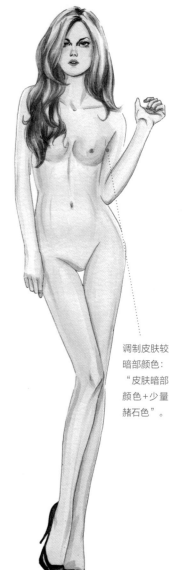

调制皮肤较暗部颜色："皮肤暗部颜色+少量赭石色"。

6.2 女装手稿绘制

6.2.1 T恤

绘画技法： 平涂法、留白法。

工具材料： 自动铅笔、毛质画笔、勾线笔、自制纸筒笔、荷尔拜因管装水彩颜料、300g细纹水彩纸。

01 用铅笔起稿。先画人体，然后画服装造型。

注意时装画中的人体9头身基本比例，重心要稳；注意头部"三庭五眼"及头发的层次关系。

02 勾勒线稿。选择黑色细字型号的勾线笔勾勒线条，然后擦除勾勒部位的铅笔线稿。

03 涂上皮肤底色。选择笔头大小合适的毛笔，从头部开始平铺肤色。

分析服装廓形及内部结构，根据大的色块进行区分勾画。

调制肤色："肉色+少量朱红色"或"洋红色+大量清水"，调成流水透明状。

04　涂上皮肤暗部颜色。确定光源方向，用上皮肤底色的笔刻画肤色暗部。

调制暗部肤色："调好的皮肤底色+少量赭石色"。

06　涂上T恤暗部颜色。选择笔头大小合适的毛笔，用平涂法铺色。

调制T恤暗部颜色："T恤底色+玫瑰红"。

调制T恤暗部颜色："T恤底色+蓝色"。

05　涂上T恤底色。选择笔头大小合适的毛笔，用平涂法铺色，T恤亮部采用留白法，不用铺色。

调制T恤底色："玫瑰红+大量清水"，调成流水透明状。

调制T恤底色："蓝色+大量清水"，调成流水透明状。

07 涂上裤子暗部颜色和裙子底色。选择笔头大小合适的毛笔，用平涂法铺色，裤子、裙子亮部采用留白法，不用铺色。

调制裤子暗部色："熟褐色+少量清水"。

调制裙子底色："朱红色+大量清水"，调成流水透明状。

09 刻画头部，刻画头发，最后完善各部位细节的刻画。

刻画头部：选择蓝色勾勒眼珠，选择大红色勾勒嘴巴和腮红，注意上嘴唇比下嘴唇的色调更重。

刻画头发："朱红色+熟褐色+大量清水"，注意头发的明暗调关系。

08 涂上裤子底色和裙子暗部颜色。选择笔头大小合适的毛笔，用平涂法铺色。

调制裤子底色："熟褐色+大量清水"。

调制裙子暗部颜色："裙子底色+少量朱红色+少量蓝色"。

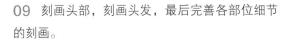

6.2.2 外套

绘画技法：平涂法、留白法、点绘法。
工具材料：自动铅笔、毛质画笔、勾线笔、自制纸筒笔、荷尔拜因管装水彩颜料、300g细纹水彩纸。

01　用铅笔起稿。先画人体，然后画服装造型。

注意时装画中的人体9头身基本比例，重心要稳；注意头部"三庭五眼"及头发的层次关系。

分析服装廓形及内部结构，根据大的色块进行区分勾画。

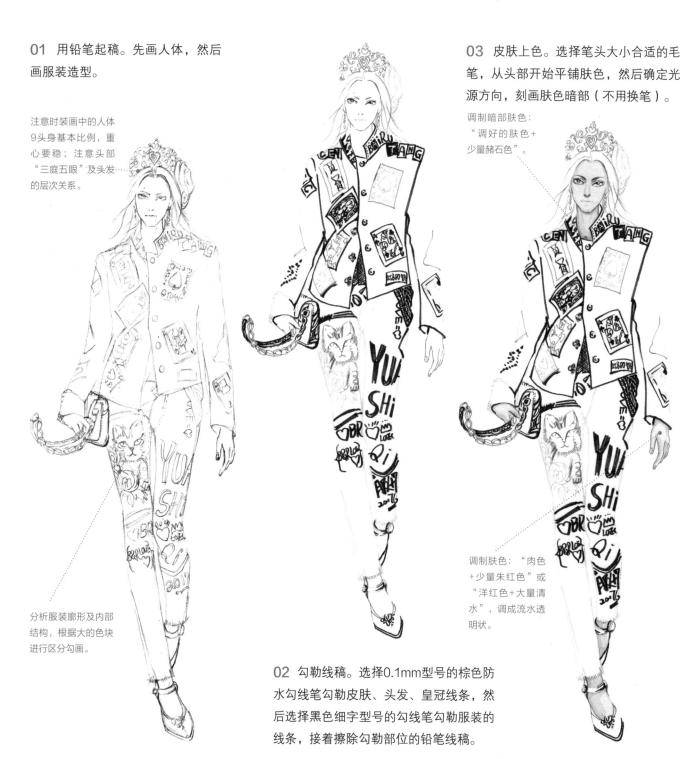

03　皮肤上色。选择笔头大小合适的毛笔，从头部开始平铺肤色，然后确定光源方向，刻画肤色暗部（不用换笔）。

调制暗部肤色："调好的肤色+少量赭石色"。

调制肤色："肉色+少量朱红色"或"洋红色+大量清水"，调成流水透明状。

02　勾勒线稿。选择0.1mm型号的棕色防水勾线笔勾勒皮肤、头发、皇冠线条，然后选择黑色细字型号的勾线笔勾勒服装的线条，接着擦除勾勒部位的铅笔线稿。

04 涂上外套底色。选择笔头大小合适的毛笔，用笔锋画圈，外套亮部采用留白法，不用铺色。

05 自制纸筒笔。用A4复印纸卷成大小合适的纸筒。

06 用自制纸筒笔点绘外套。先点绘外套基础色，然后点绘外套的灰面、暗面及衣纹关系。

外套基础色："酞菁蓝+少量清水"。

调制外套底色："酞菁蓝色+少许玫瑰红色+大量清水"，调成流水透明状。

外套暗面颜色："酞菁蓝+黑色+少量清水"。

07 对外套图案和手提包勾画上色。

选择红、绿、赭石色，用毛笔笔锋勾画图案，选择"红色+橙色""玫瑰红色+蓝色""蓝色+绿色"，用笔锋勾画手提包。

08 给裤子上色，刻画裤子图案。

09 刻画五官、头发及发饰，并完善各部位细节的刻画。

发饰上色："橙色+红色+少量清水"。

"赭石色+熟褐色+大量清水"，注意头发的明暗调关系。

选择蓝色勾勒眼珠，选择大红色勾勒嘴巴，注意上嘴唇比下嘴唇的色调更重。

选择"赭石色+熟褐色"，重点刻画猫咪图案。

裤子上色："酞菁蓝+绿+大量清水"。

6.2.3 羽绒服

绘画技法： 平涂法、留白法、撇丝法、晕染法。
工具材料： 自动铅笔、毛质画笔、防水勾线笔、荷尔拜因管装水彩颜料、300g细纹水彩纸。

01 用铅笔起稿。先画人体，然后画服装造型。

注意时装画中的人体9头身基本比例，重心要稳；注意头部"三庭五眼"及头发的层次关系。

03 给皮肤上色，并完成五官的刻画。选择笔头大小合适的毛笔，从头部开始平铺肤色，然后确定光源方向，刻画肤色暗部（不用换笔）。

调制暗部肤色："调好的肤色+少量赭石色"。

分析服装廓形及内部结构，根据大的色块进行区分勾画。

调制肤色："肉色+少量朱红"或"洋红色+大量清水"，调成流水透明状。

02 勾勒线稿。选择0.1mm型号的棕色防水勾线笔勾勒皮肤、头发、线迹线条，然后选择黑色细字型号的勾线笔勾勒服装、鞋的线条，接着擦除勾勒部位的铅笔线稿。

04 涂上羽绒服毛领底色。选择笔头大小合适的毛笔，用笔锋画出毛领的底色，毛领亮部采用留白法，不用铺色。

调制毛领底色："赭石色+少许柠檬黄色+大量清水"，调成流水透明状。

06 涂上羽绒服底色。选择笔头大小合适的毛笔，用笔锋画出羽绒服的底色，羽绒服亮部采用留白法，不用铺色。待颜色变干后，用一支干净的画笔蘸上清水，晕染一下需要柔和的部位。

调制羽绒服毛领暗部颜色："羽绒服毛领底色+少许朱红色"。

05 对羽绒服毛领暗部进行上色。选择上一步骤中铺羽绒服毛领底色的画笔，用撇丝法完成羽绒服毛领暗部的绘制。

调制羽绒服底色："玫瑰红色+大量清水"，调成流水透明状。

07 羽绒服暗部刻画。选择上一步骤中铺羽绒服底色的画笔，完成羽绒服暗部的刻画，然后用高光笔刻画需要提亮的部分。

绘制羽绒服暗部刻画色："羽绒服底色+少许大红色+少许黑色"。

09 裤子暗部刻画。选择上一步骤中铺裤子底色的画笔，完成裤子暗部的刻画，然后用高光笔刻画需要提亮的部分。

裤子底色："玫瑰红色+大量清水"。

08 涂上裤子底色。用渲染法结合留白法绘制裤子的底色。

调制裤子暗部刻画色："裤子底色+少许玫瑰红色+少许青莲色"。

6.2.4 长袖吊带衫

绘画技法： 平涂法、留白法、晕染法。

工具材料： 自动铅笔、毛质画笔、防水勾线笔、荷尔拜因管装水彩颜料、300g细纹水彩纸。

01 用铅笔起稿。先画人体，然后画服装造型。

注意时装画中的人体9头身基本比例，重心要稳；注意头部"三庭五眼"及头发的层次关系。

分析服装廓形及内部结构，根据大的色块进行区分勾画。

03 给皮肤上色，并完成五官的刻画。选择笔头大小合适的毛笔，从头部开始平铺肤色，然后确定光源方向，刻画肤色暗部（不用换笔）。

调制暗部肤色："调好的肤色+少量赭石色"。

调制肤色："肉色+少量朱红"或"洋红色+大量清水"，调成流水透明状。

02 勾勒线稿。选择棕色勾线笔勾勒皮肤、头发、五官线条，然后选择黑色细字型号的勾线笔勾勒裙子的线条，接着选择合适的画笔，用墨绿色勾画服装，最后擦除勾勒部位的铅笔线稿。

04 涂上长袖吊带衫的底色和暗部颜色。选择笔头大小合适的毛笔，用平涂法结合留白法铺底色。

调制休闲服底色："酞菁蓝色+少许绿色+大量清水"，调成流水透明状。

06 刻画长袖吊带衫的图案。先用黑色勾线笔绘制，再用高光笔仔细刻画图案部分。

"颜色暗的部分+少许深蓝色"，重复铺色。

调制裙子底色："黑色+适量清水"，在颜色暗的部分重复铺色。

05 涂上裙子底色。选择笔头大小合适的毛笔，用平涂法结合留白法铺底色。

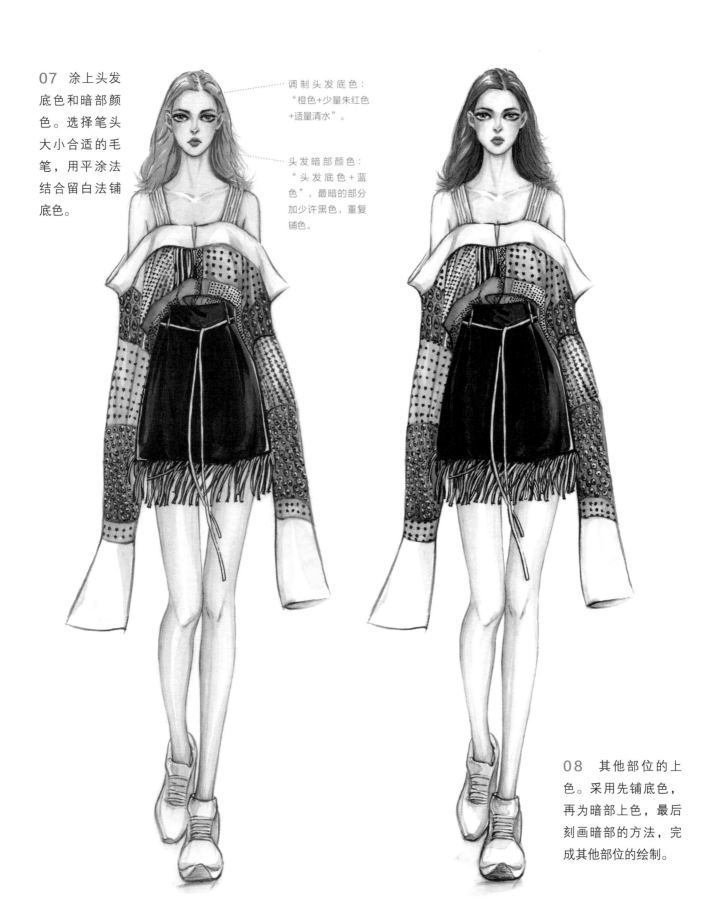

07 涂上头发底色和暗部颜色。选择笔头大小合适的毛笔，用平涂法结合留白法铺底色。

调制头发底色："橙色+少量朱红色+适量清水"。

头发暗部颜色："头发底色+蓝色"，最暗的部分加少许黑色，重复铺色。

08 其他部位的上色。采用先铺底色，再为暗部上色，最后刻画暗部的方法，完成其他部位的绘制。

6.2.5 礼服

绘画技法： 湿画法、混色法、留白法、晕染法。

工具材料： 自动铅笔、毛质画笔、防水勾线笔、荷尔拜因管装水彩颜料、300g细纹水彩纸。

01 用铅笔起稿，画出人体和服装造型，然后勾勒线稿，选择棕色防水勾线笔勾勒皮肤、头发线条，接着选择黑色细字型号的勾线笔勾勒裙子线条，最后擦除勾勒部位的铅笔线稿。

03 涂上暗部肤色。确定光源方向，刻画肤色暗部（不用换笔），然后完成头发和五官的刻画。

调制暗部肤色："调好的皮肤底色+少量赭石色"。

02 涂上皮肤底色。选择笔头大小合适的毛笔，从头部开始平铺肤色。

调制皮肤底色："肉色+少量朱红"或"洋红色+大量清水"，调成流水透明状。

04 涂上礼服底色和暗部颜色。选择笔头大小合适的毛笔，顺着礼服褶皱的方向运笔，用湿画法和留白法铺底色。

调制礼服底色："蓝色+大量清水"，调成流水透明状。

"颜色暗的部分+少许深蓝色"，待画面稍干时，重复铺色。

06 制作海绵笔触，用手将海绵撕成若干个不规则的小块，选其中一块蘸上深蓝色，轻轻点在礼服上相应的部位，再用相同的方式点上金色部分。

05 刻画礼服暗部。选择笔头稍小的毛笔，进一步刻画礼服暗部。

调制礼服暗部颜色："蓝色+黑色+少量清水"。

07 检查并完善其他部位的
上色，采用先铺底色，再为
暗部上色，最后刻画暗部的
方法，完成其他部位的绘
制。需要提亮的部分，可以
选择高光笔提亮。

6.2.6 时尚运动装

绘画技法： 压印法、留白法、晕染法。

工具材料： 自动铅笔、毛质画笔、防水勾线笔、荷尔拜因管装水彩颜料、300g细纹水彩纸。

01　用铅笔起稿，画出人体和服装造型，然后用防水勾线笔勾勒线稿，选择棕色勾线笔勾勒皮肤，选择黑色勾线笔勾勒服装、鞋和袜子的线条，接着擦除勾勒部位的铅笔线稿。

调制皮肤底色：
"肉色+少量朱红"或"洋红色+大量清水"，调成流水透明状。

调制暗部肤色：
"调好的皮肤底色+少量赭石色"。

02　涂上皮肤色。选择笔头大小合适的毛笔，并确定光源方向，从头部开始平铺肤色。

03　制作褶皱纸笔。取一张A4复印纸并撕下一个角揉皱，然后挤压成下图所示的形状。

服装面积小，所以接触面宜小不宜大。

04 给背心式裹胸服装上色。用自制的褶皱纸笔蘸上蓝色、红色颜料，在背心式裹胸服装部位点出褶皱肌理效果。

调制裙子底色："蓝色+少量清水"。

06 刻画裤子暗部。等裤子底色完全变干后，由于裤子的褶皱较多，可以根据主要的褶皱部分，绘制皱褶暗部。

调制裙子底色："红色+蓝色+大量清水"。

调制裙子底色："蓝色+绿色+大量清水"。

05 涂上裤子底色。选择笔头大小合适的毛笔，用平涂法和留白法铺底色。

调制裤子暗部颜色："裤子底色+黑色+少量清水"。

07 刻画服装细节。根据服装款式结构及面料特征对细节进行刻画，需要提亮的部位，可以用高光笔提亮；需要加深的部位，可以适当加黑色颜料调，再进行刻画。

09 刻画五官和发型，完善其他部位的刻画。

笔者习惯先为服装上色，再为五官、发型上色，原因是妆容需要根据服装主色调来配色。

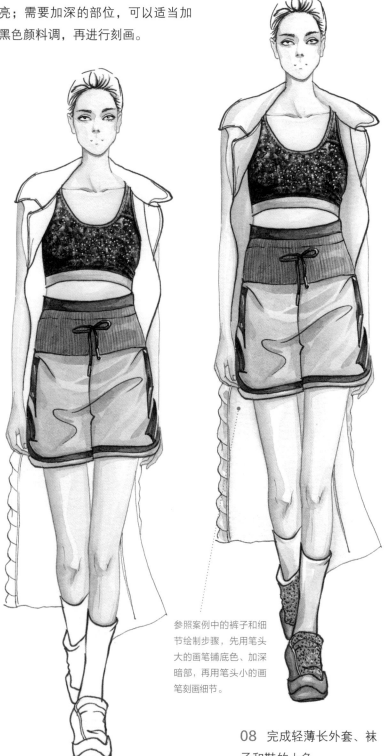

参照案例中的裤子和细节绘制步骤，先用笔头大的画笔铺底色、加深暗部，再用笔头小的画笔刻画细节。

08 完成轻薄长外套、袜子和鞋的上色。

6.3 男装手稿绘制

6.3.1 T恤

绘画技法： 平涂法、渲染法。

工具材料： 自动铅笔、毛质画笔、勾线笔、水彩颜料、复印纸。

01 用自动铅笔起稿，绘制出服装款式的着装线稿与印花图案等。

服装线稿绘制的好坏决定上色时的运笔是否流畅。

02 选择赭石色颜料作为皮肤色，运用平涂法给人体皮肤上色。

03 选择灰色颜料，用平涂法给T恤整体上色，然后选择蓝色、橙色颜料，用渲染法给图案部分上色。

04 选择上一步骤中的基础色加少量黑色颜料调和，用于刻画T恤的灰面和暗面的颜色，然后用黑色直接勾画印花图案。

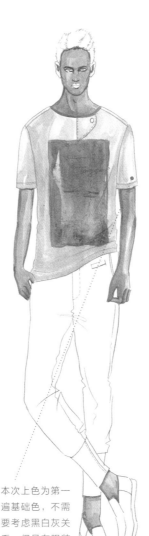
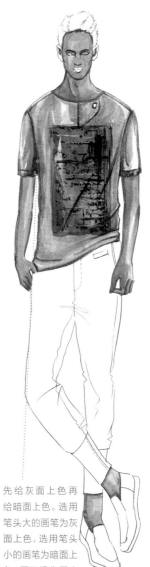

可以在肤色高光部位适当留白，可以在赭石色颜料中加入少量黑色颜料调和，绘制暗部。

本次上色为第一遍基础色，不需要考虑黑白灰关系，但是在服装亮部上色时可以适当留白。

先给灰面上色再给暗面上色。选用笔头大的画笔为灰面上色，选用笔头小的画笔为暗面上色，要习惯先用大笔后用小笔的绘画步骤。

05 采用渲染法铺蓝色
裤子的底色，通过留白
来体现褶皱关系。

06 添加裤子上褶皱
的阴影，表现出裤子
的立体感。

绘画过程中运笔的速度和轻重
是决定画面上色效果的关键，
一般运笔快时笔触痕迹要干
爽、淡一些，运笔慢时笔触痕
迹要湿润、深一些。

07 选用青莲色、橙色颜
料以平涂的方法给鞋子整
体上色，然后用笔头小的
画笔添加阴影和刻画细节。

08 勾勒五官、四肢、服装和
服饰配件的结构线及轮廓线，
并完善各部位细节的刻画。

由于男性人体肤色比女性人体肤色暗一
些，所以可以直接用黑色颜料勾线，也
可以选择黑色颜料为服装勾线。

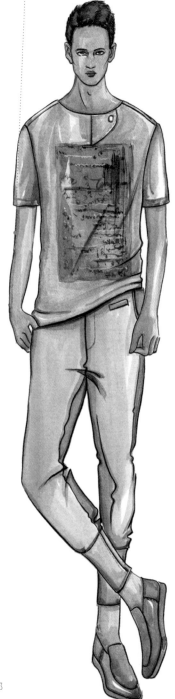

如果裤子的上色的面积比较大，
笔触的水分可以饱满一些。本次
上色为裤子的第一遍基础色，不
需要考虑黑白灰关系，但是要根
据衣纹走向来确定上色时运笔的
方向。

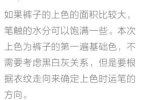

一定要等色块干透后再涂上相邻
部位的颜色，否则会相互浸染。

6.3.2 毛衫

绘画技法： 平涂法、渲染法。

工具材料： 自动铅笔、毛质画笔、水性笔、水彩颜料、素描纸。

01 用自动铅笔起稿，绘制出服装款式着装线稿效果图。

03 采用平涂法铺淡蓝色毛衫的底色。

可以通过运笔的快慢来体现面料褶皱感，运笔速度快，画面上的颜色会淡一些；运笔速度慢，画面上的颜色要深一些。

02 用赭石色颜料和适量的清水调和成上图所示的皮肤色，然后运用平涂法给人体皮肤部位上色。

04 用蓝色颜料和少量黑色颜料调和，绘制出毛衫的灰面和暗面，然后用黑色颜料直接勾画面料的纹理部位。

05 采用渲染法铺灰色裤子的底色，通过运笔速度的快慢来体现褶皱的明暗关系。

06 强调裤子上褶皱的阴影，表现出裤子的立体感。

07 用蓝色颜料以平涂的方法给鞋子整体上色，然后用笔头小的画笔添加阴影和刻画细节。

鞋的配色可以与毛衫的颜色呼应。

毛衫面料有一定的厚度，所以勾线时可以用粗线条；反之，绘制薄面料时，勾线用细线条。

08 勾勒五官、四肢、服装和服饰配件的结构线及轮廓线，并完善各部位细节的刻画。

6.3.3 外套

绘画技法： 平涂法、渲染法。

工具材料： 自动铅笔、毛质画笔、勾线笔、水彩颜料、复印纸。

01　用自动铅笔起稿，绘制出服装款式着装线稿效果图。

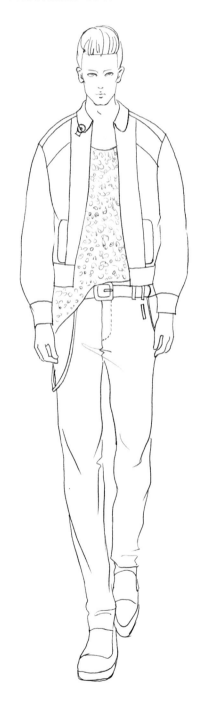

02　用赭石色颜料和适量的清水调和成上图所示的皮肤色，然后运用平涂法给人体皮肤部位上色。

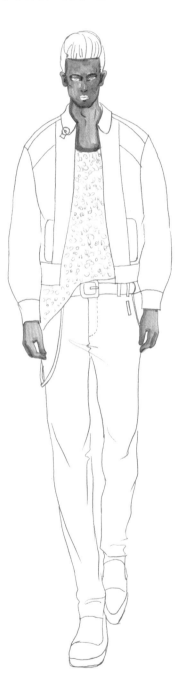

03　采用平涂法给蓝紫色T恤上色，并用黑色颜料勾画出图案。

先给 T恤上色是因为T恤在外套的里面，通常采用由里到外的服装上色顺序。

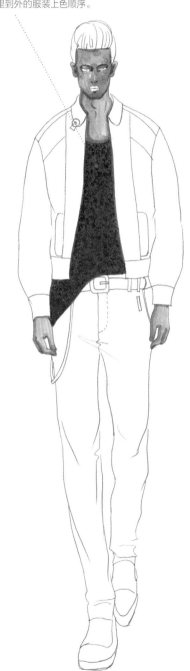

04 选择熟褐色颜料，采用平涂法铺咖啡色外套的底色。

06 采用渲染法铺蓝灰色裤子的底色，通过运笔速度的快慢来体现褶皱的明暗关系。

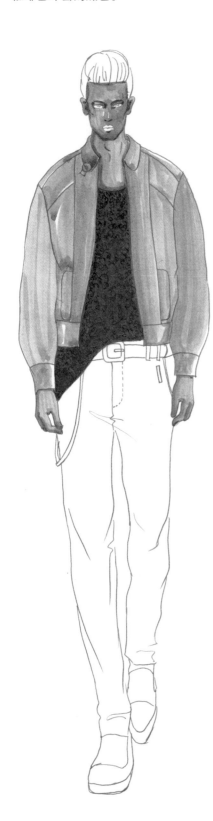

05 在熟褐色颜料中加入少量黑色颜料调和，表现出外套的灰面、暗面及衣纹关系。

08 用橙色颜料以平涂的方法给鞋和皮带上色，然后用笔头小的画笔添加阴影和刻画细节。

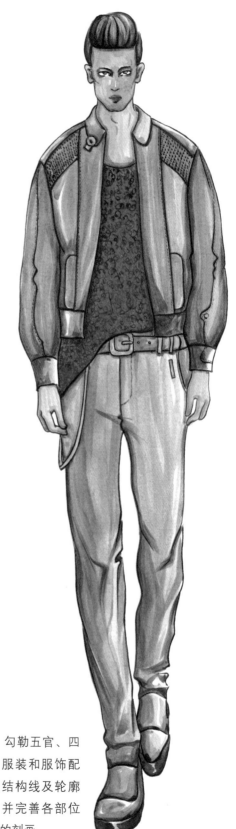

07 加深裤子的色调，进一步强调裤子上褶皱的阴影，表现出裤子的立体感。

09 勾勒五官、四肢、服装和服饰配件的结构线及轮廓线，并完善各部位细节的刻画。

6.4 童装手稿绘制

6.4.1 男小童

绘画技法: 平涂法、渲染法。

工具材料: 自动铅笔、毛质画笔、勾线笔、水彩颜料、素描纸。

01 用自动铅笔起稿,完成铅笔线稿的绘制。

02 选择赭石色颜料,采用平涂法铺皮肤底色,然后将赭石、熟褐色颜料调和,接着用笔头小的画笔刻画皮肤暗部颜色。

在儿童脸部,可以用玫红色颜料渲染出腮红。

03 选择蓝色颜料,用平涂法铺T恤底色。

04 先选择蓝色颜料加少量黑色颜料调和,绘制出T恤的衣纹关系,然后选用笔头小的画笔刻画口袋结构线及图案部分。

05 采用平涂法铺蓝色裤子的底色,通过画笔的运笔速度来体现褶皱关系。

06 进一步强调裤子上褶皱的阴影,表现出裤子的立体感。

07 将蓝色颜料和黑色颜料调和后，以平涂的方法给鞋上色，然后用笔头小的画笔添加阴影并刻画细节。

儿童的眉毛不宜画得太重。

09 勾勒五官、四肢、服装和服饰配件的结构线及轮廓线，并完善各部位细节的刻画。

可以用黑色颜料为男童皮肤和服装勾线。

根据鞋的质感考虑是否需要留白，在皮质与布料拼接处要区别出质感效果。

08 选用笔头小的画笔给头发和五官上色，并表现出明暗效果。

6.4.2 女小童

绘画技法：平涂法、留白法、渲染法。

工具材料：自动铅笔、毛质画笔、防水勾线笔、水彩颜料、金色颜料、水彩纸。

01 用铅笔起稿画出人体和服装造型，然后勾勒线稿，选择棕色防水勾线笔勾勒皮肤线条，选择黑色细字型号的勾线笔勾勒裙子、发型、眼睛、眉毛等的线条，保留图案部分的铅笔线稿，擦除勾勒部位的铅笔线稿。

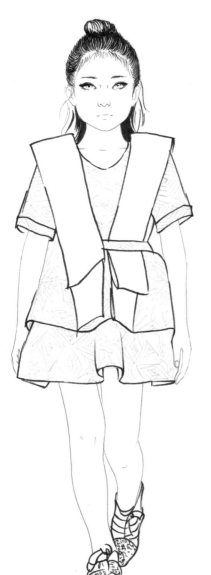

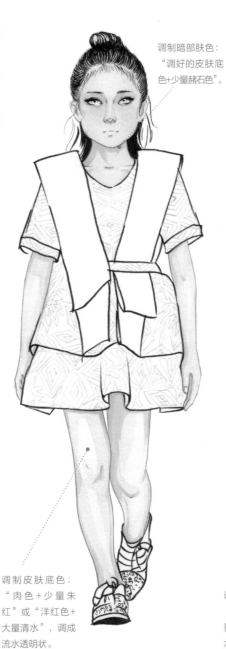

调制暗部肤色：
"调好的皮肤底色+少量赭石色"。

调制皮肤底色：
"肉色+少量朱红"或"洋红色+大量清水"，调成流水透明状。

02 涂上皮肤色，选择笔头大小合适的毛笔，并确定光源方向，从头部开始平铺肤色。

03 涂上连衣裙底色。选择大小适的毛笔用平涂法和留白法给连衣裙部分上色，连衣裙亮部采用留白法，不用铺色。

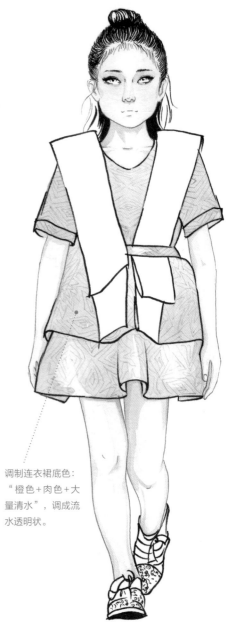

调制连衣裙底色：
"橙色+肉色+大量清水"，调成流水透明状。

06 勾勒五官，完成发型、鞋等部位的上色，完善需要刻画的部分。

04 刻画连衣裙暗部，给图案部分上色。选择为连衣裙底色上色的画笔，完成连衣裙暗部刻画，然后用金色颜料刻画图案部分。

调制连衣裙暗部刻画色："连衣裙底色+少许绿色+少许黑色"。

装饰背带配色："蓝色、红色"。

鞋可以不用刻画得太仔细，把握好主次关系即可。一般将刻画重点放在人物头部和服装上。

05 为装饰背带上色。采用先铺底色再刻画暗部的方式为装饰背带上色。

6.4.3 男大童

绘画技法：平涂法、渲染法。

工具材料：自动铅笔、毛质画笔、勾线笔、水彩颜料、素描纸。

01 用自动铅笔起稿，绘制出服装款式的着装线稿。

02 先选择赭石色颜料，用平涂法铺皮肤底色，然后将赭石色颜料加熟褐色颜料调和，接着用笔头小的画笔刻画皮肤暗部颜色。

03 准备好为上衣上色要用到的熟褐色、青色、蓝色、紫色颜料，从T恤开始依次选择左图所示的颜色，用平涂法铺服装底色。

04 外套口袋部分，可以直接选用青色颜料刻画口袋的灰面；外套衣身部位，先选择熟褐色颜料加少量黑色颜料调和，绘制出外套的灰面、暗面及衣纹关系，再选用笔头小的画笔刻画T恤图案部分。

05 采用平涂法铺黄色裤子的底色，通过画笔的运笔速度及运笔方向来体现衣纹的褶皱关系。

06 进一步强调裤子上褶皱的阴影，表现出裤子的立体感。

裤子质感比较硬朗，运笔速度要快一点儿，不要在纸面上停留。

07 选用裤子和外套的颜色作为鞋的配色，平涂鞋部位，然后用笔头小的画笔添加阴影并刻画细节。

09 勾勒五官、四肢、服装和服饰配件的结构线及轮廓线，并完善各部位细节的刻画。

08 给头发和五官上色，并表现出明暗效果。

可以用黑色颜料为男童的皮肤和服装轮廓勾线。

6.4.4 女大童

绘画技法：平涂法、渲染法。
工具材料：自动铅笔、毛质画笔、勾线笔、水彩颜料、素描纸。

01 用自动铅笔绘制细致的铅笔线稿，包括纽扣和结构线等细节。

02 选择赭石色颜料加入少量白色颜料作为皮肤颜色，先运用平涂法铺皮肤底色，再加深皮肤颜色，并刻画皮肤暗部。

女大童的皮肤颜色比女小童的皮肤颜色要调得淡一些，脸部也可用玫红色颜料渲染出腮红。

03 选择深红色颜料加少量黑色颜料调和，然后用渲染法铺服装底色。

服装分割线多时，应分块上色。

04 加深服装的颜色，绘制出服装的灰面、暗面及衣纹关系，然后选用笔头小的画笔刻画细节部位。

05 如果单肩包不是表现的主体时，可以简略处理上色效果，强调画面的主次关系。

06 选用黄色颜料，以平涂的方法给鞋上色，然后用笔头小的画笔添加阴影并刻画细节。

08 勾勒五官、四肢、服装和服饰配件的结构线及轮廓线，并完善各部位细节的刻画。

07 选用笔头小的画笔，给头发和五官上色，并表现出明暗效果。

男装背心

某品牌服装版单

款号	11MS0911	产品名称	男式背心	风格	时尚
		款式来源	■彩图 □样衣 □套版	主题/常销	主题
模块号	10AS0903	下图日期		唛头	A3
		上市日期		后工艺	印花
订单性质	■计划 □应急	SKU数	1SKU	设计师签字	
系列主题	夏.曲	廓形	修身型		

样衣尺码	S
上身部位	要求尺寸
胸围	
腰围	
肩宽	
前领宽	
前领深	
前中长	
后中长	
袖长	
袖口围	
夹圈	
下身部位	要求尺寸
裤长	
腰围	
坐围	
前浪	
后浪	
大腿围	
膝围	
脚口围	
备注	

（图中标注：水印、1.2cm捆边）

面辅料粘贴处

A布

设计主管
审核

某品牌服装版单

LOGO

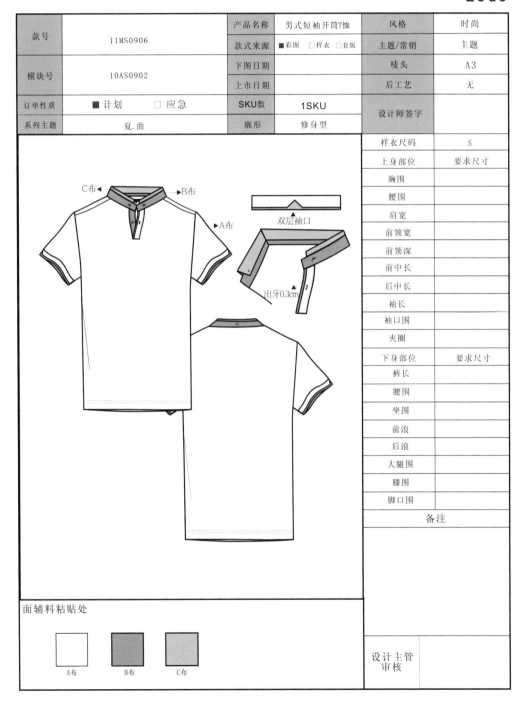

款号	11MS0906	产品名称	男式短袖开筒T恤	风格	时尚
		款式来源	■彩图 □样衣 □套版	主题/常销	主题
模块号	10AS0902	下图日期		唛头	A3
		上市日期		后工艺	无
订单性质	■ 计划 □ 应急	SKU数	1SKU	设计师签字	
系列主题	夏.曲	廓形	修身型		

样衣尺码	S
上身部位	要求尺寸
胸围	
腰围	
肩宽	
前领宽	
前领深	
前中长	
后中长	
袖长	
袖口围	
夹圈	
下身部位	要求尺寸
裤长	
腰围	
坐围	
前浪	
后浪	
大腿围	
膝围	
脚口围	
备注	

C布　B布　A布

双层袖口

出牙0.3cm

面辅料粘贴处

A布　B布　C布

设计主管
审核

某品牌服装版单

LOGO

款号	11MS0914	产品名称	男式中袖衬衫	风格	时尚
		款式来源	■彩图 □样衣 □套版	主题/常销	主题
模块号	10AS0903	下图日期		唛头	A3
		上市日期		后工艺	无
订单性质	■计划 □应急	SKU数	1SKU	设计师签字	
系列主题	夏.曲	廓形	修身型		

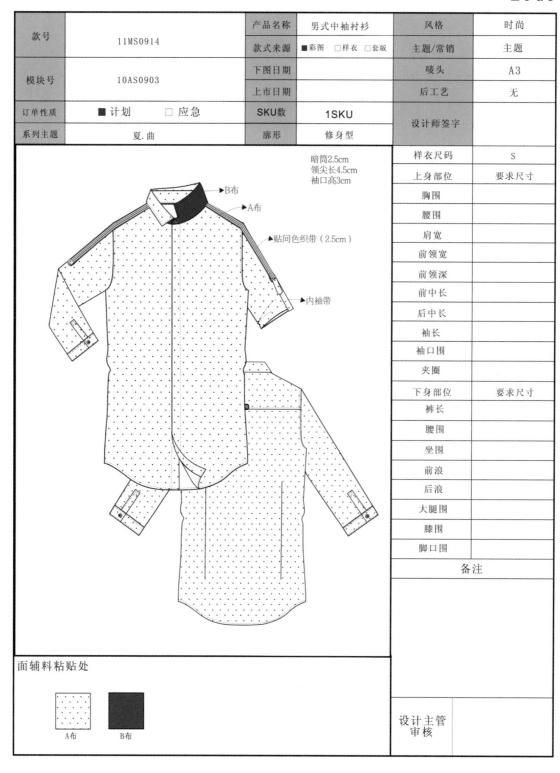

暗筒2.5cm
领尖长4.5cm
袖口高3cm

B布
A布
贴间色织带（2.5cm）
内袖带

样衣尺码	S
上身部位	要求尺寸
胸围	
腰围	
肩宽	
前领宽	
前领深	
前中长	
后中长	
袖长	
袖口围	
夹圈	
下身部位	要求尺寸
裤长	
腰围	
坐围	
前浪	
后浪	
大腿围	
膝围	
脚口围	
备注	
设计主管审核	

面辅料粘贴处

A布　　B布

某品牌服装版单

LOGO

款号	11MS0904	产品名称	男式马夹	风格	时尚
		款式来源	■彩图　□样衣　□套版	主题/常销	主题
模块号	10AS0901	下图日期		唛头	A1
		上市日期		后工艺	无
订单性质	■ 计划　　□ 应急	SKU数	1SKU	设计师签字	
系列主题	夏.曲	廓形	修身型		

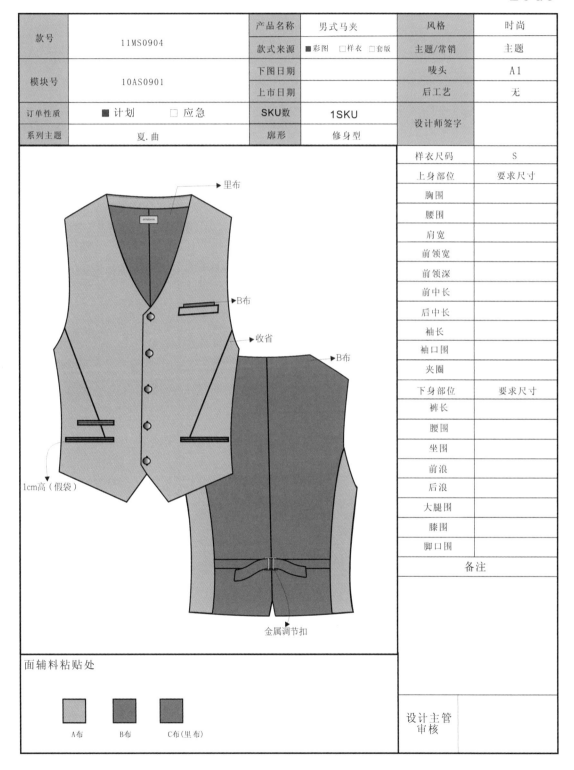

里布

B布

收省

B布

1cm高（假袋）

金属调节扣

样衣尺码	S
上身部位	要求尺寸
胸围	
腰围	
肩宽	
前领宽	
前领深	
前中长	
后中长	
袖长	
袖口围	
夹圈	
下身部位	要求尺寸
裤长	
腰围	
坐围	
前浪	
后浪	
大腿围	
膝围	
脚口围	
备注	
设计主管 审核	

面辅料粘贴处

A布　　B布　　C布(里布)

某品牌服装版单

LOGO

款号	11MS0905	产品名称	男式西装	风格	时尚
		款式来源	■彩图 □样衣 □套版	主题/常销	主题
模块号	10AS0901	下图日期		唛头	A1
		上市日期		后工艺	无
订单性质	■ 计划　　□ 应急	SKU数	1SKU	设计师签字	
系列主题	夏.曲	廓形	合体型		

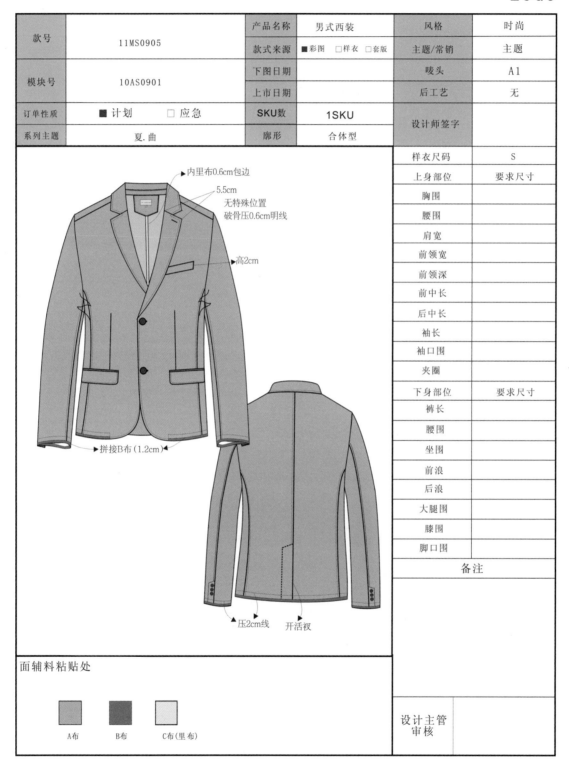

内里布0.6cm包边
5.5cm
无特殊位置
破骨压0.6cm明线
高2cm
拼接B布（1.2cm）
压2cm线　　开活衩

样衣尺码	S
上身部位	要求尺寸
胸围	
腰围	
肩宽	
前领宽	
前领深	
前中长	
后中长	
袖长	
袖口围	
夹圈	
下身部位	要求尺寸
裤长	
腰围	
坐围	
前浪	
后浪	
大腿围	
膝围	
脚口围	
备注	
设计主管审核	

面辅料粘贴处

A布　　B布　　C布(里布)

某品牌服装版单

LOGO

款号	11MS0910	产品名称	男式夹克	风格	时尚
		款式来源	■彩图 □样衣 □套版	主题/常销	主题
模块号	10AS0902	下图日期		唛头	A1
		上市日期		后工艺	无
订单性质	■ 计划　　□ 应急	SKU数	1SKU	设计师签字	
系列主题	夏.曲	廓形	修身型		

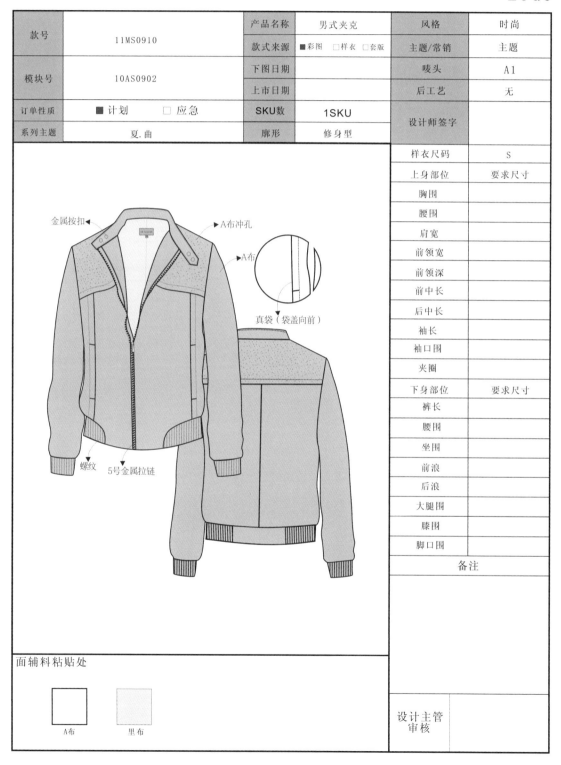

金属按扣　　A布冲孔　　A布　　真袋（袋盖向前）　　螺纹　　5号金属拉链

样衣尺码	S
上身部位	要求尺寸
胸围	
腰围	
肩宽	
前领宽	
前领深	
前中长	
后中长	
袖长	
袖口围	
夹圈	
下身部位	要求尺寸
裤长	
腰围	
坐围	
前浪	
后浪	
大腿围	
膝围	
脚口围	
备注	

面辅料粘贴处

A布　　里布

设计主管审核

某品牌服装版单

LOGO

款号	11MS0915	产品名称	男式短裤	风格	时尚
		款式来源	■彩图 □样衣 □套版	主题/常销	主题
模块号	10AS0903	下图日期		唛头	A3
		上市日期		后工艺	无
订单性质	■计划　□应急	SKU数	1SKU	设计师签字	
系列主题	夏.曲	廓形	修身型		

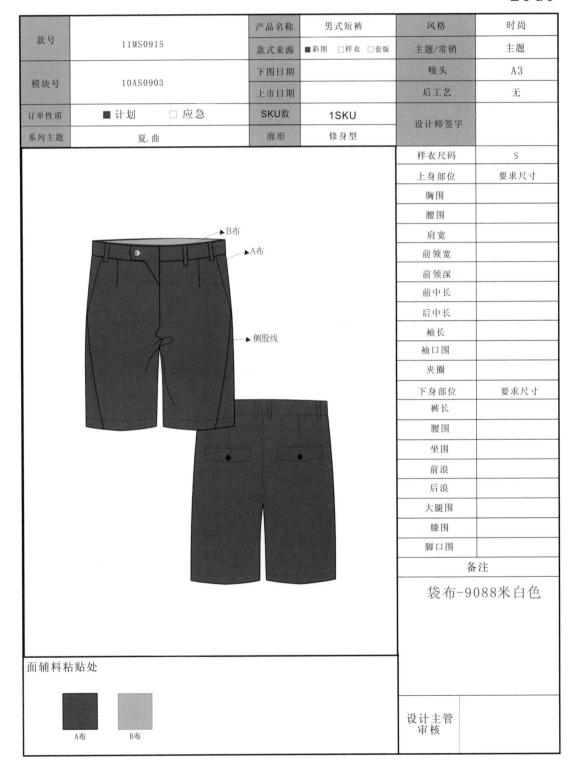

样衣尺码	S
上身部位	要求尺寸
胸围	
腰围	
肩宽	
前领宽	
前领深	
前中长	
后中长	
袖长	
袖口围	
夹圈	
下身部位	要求尺寸
裤长	
腰围	
坐围	
前浪	
后浪	
大腿围	
膝围	
脚口围	
备注	

袋布-9088米白色

面辅料粘贴处

A布　　B布

设计主管审核

某品牌服装版单

LOGO

款号	11MS0903	产品名称	男式长裤	风格	时尚
		款式来源	■彩图 □样衣 □套版	主题/常销	主题
模块号	10AS0901	下图日期		唛头	A3
		上市日期		后工艺	无
订单性质	■计划 □应急	SKU数	1SKU	设计师签字	
系列主题	夏.曲	廓形	小直筒裤		

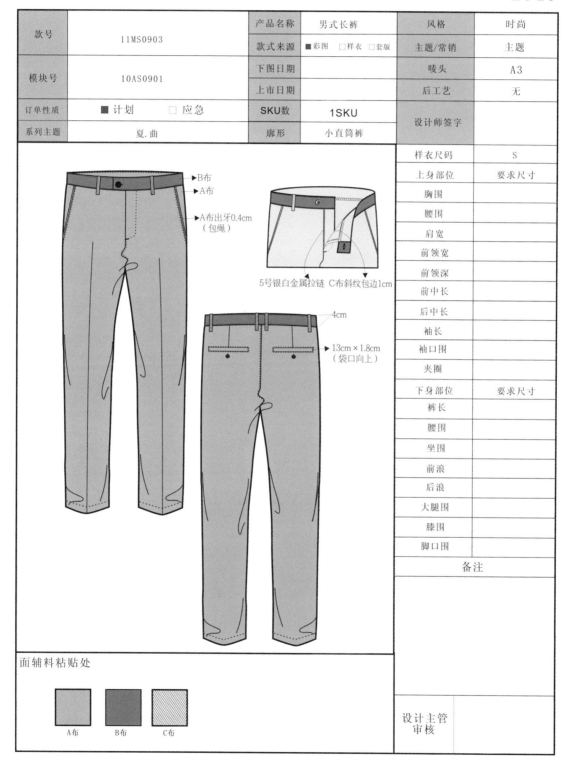

▶B布
▶A布
▶A布出牙0.4cm
（包绳）

5号银白金属拉链 C布斜纹包边1cm

4cm
▶13cm×1.8cm
（袋口向上）

样衣尺码	S
上身部位	要求尺寸
胸围	
腰围	
肩宽	
前领宽	
前领深	
前中长	
后中长	
袖长	
袖口围	
夹圈	
下身部位	要求尺寸
裤长	
腰围	
坐围	
前浪	
后浪	
大腿围	
膝围	
脚口围	

备注

设计主管审核	

面辅料粘贴处

A布　B布　C布

某品牌服装版单

LOGO

款号	11MS0918	产品名称	男式休闲连体裤	风格	时尚
		款式来源	■彩图 □样衣 □套版	主题/常销	主题
模块号	10AS0904	下图日期		唛头	A3
		上市日期		后工艺	洗水
订单性质	■ 计划 □ 应急	SKU数	1SKU	设计师签字	
系列主题	夏.曲	廓形	修身型		

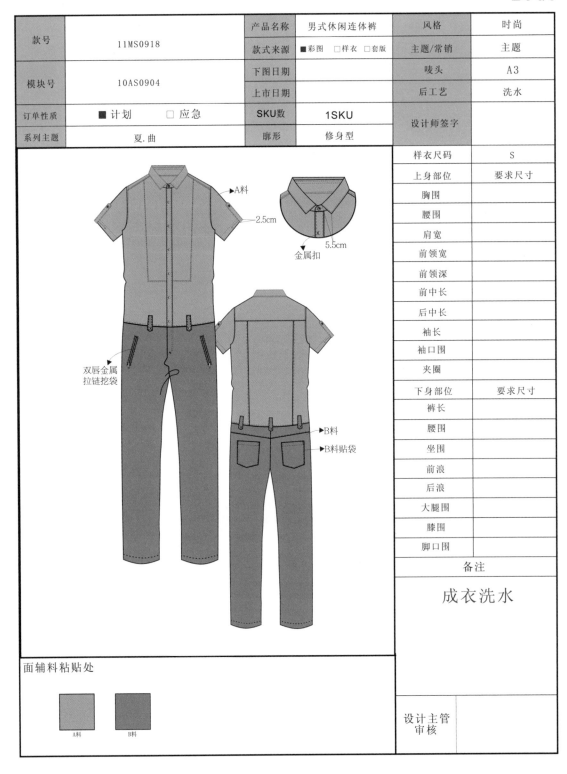

A料

2.5cm

5.5cm

金属扣

双唇金属
拉链挖袋

B料

B料贴袋

样衣尺码	S
上身部位	要求尺寸
胸围	
腰围	
肩宽	
前领宽	
前领深	
前中长	
后中长	
袖长	
袖口围	
夹圈	
下身部位	要求尺寸
裤长	
腰围	
坐围	
前浪	
后浪	
大腿围	
膝围	
脚口围	
备注	

成衣洗水

面辅料粘贴处

A料

B料

| 设计主管
审核	

女装T恤

某品牌服饰　样品初版版单（上身）

款号：09S-Z012	面料：09S-011 莫代尔平纹布		期数：		制单日期：		返版期：	
款式：合体圆领粒袖两件套T恤	里料：	袋布：	生产厂商：		部位（单位：厘米）	SIZE	M	

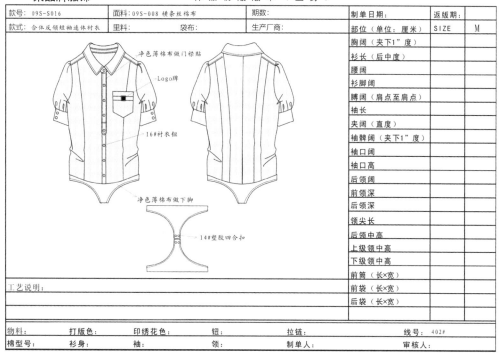

装饰唛
Pu皮吊带
袖口收褶
假门筒

部位（单位：厘米）	SIZE	M
胸阔（夹下1"度）		
衫长（后中度）		
腰阔		
衫脚阔		
膊阔（肩点至肩点）		
袖长		
夹阔（直度）		
袖脾阔（夹下1"度）		
袖口阔		
袖口高		
后领阔		
前领深		
后领深		
领尖长		
后领中高		
上级领中高		
下级领中高		
前筒（长×宽）		
前袋（长×宽）		
后袋（长×宽）		

工艺说明：

物料：	打版色：	印绣花色：	钮：	拉链：	线号：402#
棉型号：	衫身：	袖：	领：	制单人：	审核人：

女装衬衣

某品牌服饰　样品初版版单（上身）

款号：09S-S016	面料：09S-008 横条丝棉布		期数：		制单日期：		返版期：	
款式：合体反领粒袖连体衬衣	里料：	袋布：	生产厂商：		部位（单位：厘米）	SIZE	M	

净色薄棉布做门襟贴
Logo牌
16#衬衣钮
净色薄棉布做下脚
14#塑胶四合扣

部位（单位：厘米）	SIZE	M
胸阔（夹下1"度）		
衫长（后中度）		
腰阔		
衫脚阔		
膊阔（肩点至肩点）		
袖长		
夹阔（直度）		
袖脾阔（夹下1"度）		
袖口阔		
袖口高		
后领阔		
前领深		
后领深		
领尖长		
后领中高		
上级领中高		
下级领中高		
前筒（长×宽）		
前袋（长×宽）		
后袋（长×宽）		

工艺说明：

物料：	打版色：	印绣花色：	钮：	拉链：	线号：402#
棉型号：	衫身：	袖：	领：	制单人：	审核人：

某品牌服饰 　　样 品 初 版 版 单 （上 身）

款号：09S-S022	面料：09S-002 混纺棉	期数：	制单日期：	返版期：	
款式：合体圆领拼接连衣裙	里料：薄哑纱	袋布：	生产厂商：	部位（单位：厘米）	SIZE	M

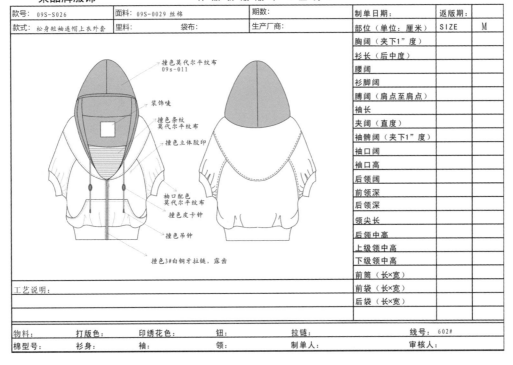

双层原身布领贴
宽纹莫代尔平纹布
开插袋
腰上车褶
1/2" 环口车

部位（单位：厘米）	SIZE	M
胸阔（夹下1"度）		
衫长（后中度）		
腰阔		
衫脚阔		
膊阔（肩点至肩点）		
袖长		
夹阔（直度）		
袖髀阔（夹下1"度）		
袖口阔		
袖口高		
后领阔		
前领深		
后领深		
领尖长		
后领中高		
上级领中高		
下级领中高		
前筒（长×宽）		
前袋（长×宽）		
后袋（长×宽）		

工艺说明：

物料：	打版色：	印绣花色：	钮：	拉链：	线号：402#
棉型号：	衫身：	袖：	领：	制单人：	审核人：

女装外套

某品牌服饰 　　样 品 初 版 版 单 （上 身）

款号：09S-S026	面料：09S-0029 丝棉	期数：	制单日期：	返版期：
款式：松身短袖连帽上衣外套	里料：	袋布：	生产厂商：	部位（单位：厘米）

撞色莫代尔平纹布 09s-011
装饰唛
撞色条纹莫代尔平纹布
撞色立体胶印
袖口配色莫代尔平纹布
撞色皮卡钟
撞色吊钟
撞色3#白铜牙拉链，露齿

部位（单位：厘米）	SIZE	M
胸阔（夹下1"度）		
衫长（后中度）		
腰阔		
衫脚阔		
膊阔（肩点至肩点）		
袖长		
夹阔（直度）		
袖髀阔（夹下1"度）		
袖口阔		
袖口高		
后领阔		
前领深		
后领深		
领尖长		
后领中高		
上级领中高		
下级领中高		
前筒（长×宽）		
前袋（长×宽）		
后袋（长×宽）		

工艺说明：

物料：	打版色：	印绣花色：	钮：	拉链：	线号：602#
棉型号：	衫身：	袖：	领：	制单人：	审核人：

女装裙子

某品牌服饰　样品初版版单（下身）

款号：09S-033	面料：薄牛仔		期数：	制单日期：	返版期：	
款式：中低腰合体拼雪纺短裙	里料：	袋布：	生产厂商：	部位（单位：厘米）	SIZE	
				腰围（直度）	30	
				裤头高/裙头高	$1\frac{1}{2}$	
				坐围（浪上　V度）	$35\frac{1}{2}$	
				前浪（连裤头）直度		
				后浪（连裤头）直度		
				内长（浪底度）		
				外长（连裤头/裙头直度）	18	
				髀围（浪下1″度）		
				膝围（浪下13″度）		
				脚阔		
				脚高		
				钮牌（长×宽）		
				前袋（长×宽）		
				后袋（长×宽）/(上宽×高×下宽)		
				衩高		
				耳仔（长×宽）		
				拉链长		
工艺说明：						
物料：	印绣花色：			线号：面606底402		
拉链：			制单人：	审核人：		

深克叻撞钉　　金色绣线（挑针绣）　　金色打枣
拼配色雪纺边缘对撕　　车3线中间为金线

女装短裤

某品牌服饰　样品初版版单（下身）

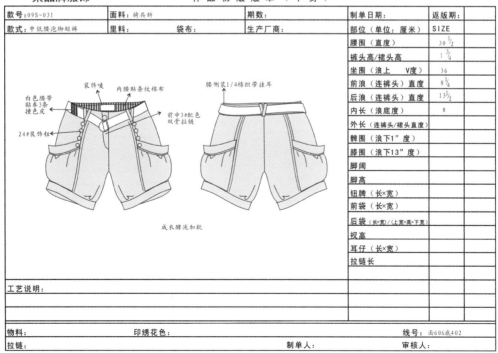

款号：09S-031	面料：骑兵针		期数：	制单日期：	返版期：	
款式：中低腰泡脚短裤	里料：	袋布：	生产厂商：	部位（单位：厘米）	SIZE	
				腰围（直度）	$30\frac{1}{2}$	
				裤头高/裙头高	$1\frac{3}{4}$	
				坐围（浪上　V度）	36	
				前浪（连裤头）直度	$8\frac{1}{4}$	
				后浪（连裤头）直度	$13\frac{1}{2}$	
				内长（浪底度）	8	
				外长（连裤头/裙头直度）		
				髀围（浪下1″度）		
				膝围（浪下13″度）		
				脚阔		
				脚高		
				钮牌（长×宽）		
				前袋（长×宽）		
				后袋（长×宽）/(上宽×高×下宽)		
				衩高		
				耳仔（长×宽）		
				拉链长		
工艺说明：						
物料：	印绣花色：			线号：面606底402		
拉链：			制单人：	审核人：		

装饰唛　内腰贴条纹棉布　腰侧袋1/4棉织带挂耳
白色腰带贴车3条撞色皮　前中3#配色双骨拉链
24#装饰钮
成衣酵洗加软

某品牌服饰　　样品初版版单（下身）

款号：09S-034	面料：薄牛仔		期数：	制单日期：	返版期：	
款式：中低腰合体收脚铅笔裤	里料：	袋布：	生产厂商：	部位（单位：厘米）	SIZE	
				腰围（直度）	$29\frac{1}{2}$	
				裤头高/裙头高	$1\frac{1}{2}$	
				坐围（浪上　V度）	$35\frac{1}{4}$	
				前浪（连裤头）直度	$8\frac{1}{4}$	
				后浪（连裤头）直度	$13\frac{1}{2}$	
				内长（浪底度）	29	
				外长（连裤头/裙头直度）		
				髀围（浪下1″度）		
				膝围（浪下13″度）		
				脚阔		
				脚高		
				钮牌（长×宽）		
				前袋（长×宽）		
				后袋（长×宽）/(上宽·高×下宽)		
				杈高		
				耳仔（长×宽）		
				拉链长		
工艺说明：						
物料：	印绣花色：				线号：面T22底402	
拉链：			制单人：		审核人：	

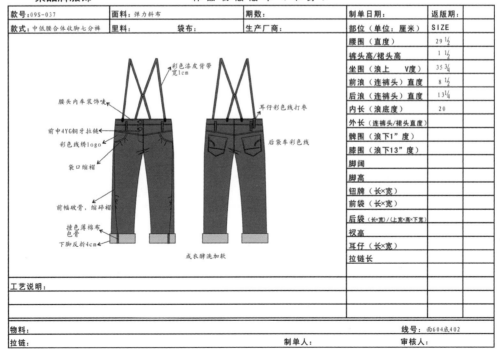

前腰头手针　前中4YG白铜牙拉链　银线绣logo
车三线中间为银线　　　　　袋口手针
破骨　　　　　　　　　　　银线珠边线
压皱
压皱
脚高1 1/4″
脚侧微弧
成衣酵洗加软加手针

女装背带裤

某品牌服饰　　样品初版版单（下身）

款号：09S-037	面料：弹力斜布		期数：	制单日期：	返版期：	
款式：中低腰合体收脚七分裤	里料：	袋布：	生产厂商：	部位（单位：厘米）	SIZE	
				腰围（直度）	$29\frac{1}{2}$	
				裤头高/裙头高	$1\frac{1}{2}$	
				坐围（浪上　V度）	$35\frac{3}{4}$	
				前浪（连裤头）直度	$8\frac{1}{2}$	
				后浪（连裤头）直度	$13\frac{1}{4}$	
				内长（浪底度）	20	
				外长（连裤头/裙头直度）		
				髀围（浪下1″度）		
				膝围（浪下13″度）		
				脚阔		
				脚高		
				钮牌（长×宽）		
				前袋（长×宽）		
				后袋（长×宽）/(上宽·高×下宽)		
				杈高		
				耳仔（长×宽）		
				拉链长		
工艺说明：						
物料：					线号：面604底402	
拉链：			制单人：		审核人：	

彩色漆皮背带宽1cm
腰头内车装饰唛
前中4YG铜牙拉链
彩色线绣logo
袋口缩褶
前幅破骨，缩碎褶
撞色薄棉布包骨
下脚反折4cm
耳仔彩色线打枣
后袋车彩色线
成衣酵洗加软

秋冬头版制单

审核：

款号：Bs119　　品名：**男童圆领T恤**　　设计师：吴训策　　系列名称：时尚系列秋1波　　尺码：130#-160#（150#）

可参考图：

B色
A色
1cm宽棉织带B色做后领才捆
1×1拉架罗纹
品牌扣子B色
分割
印花
贴布绣

一组
二组　　　三组

设计说明：

面料：
1. 平纹（针织）
2. 1×1拉架罗纹
3.

辅料：
①品牌扣子B色
②1cm宽棉织带
③
④
⑤
⑥
⑦
⑧
⑨

配色表：

颜色组别	A	B	C	D	E
一组	咖啡	黄色			
二组	宝蓝	彩蓝			
三组	黄色	咖啡			
四组					

注：成衣醇洗

日期：　　　　　　　　　加工厂：

秋冬印花制单

审核：

颜色组别	A	B	C	D	E	F	G	H
一组	黄色	杏色	红色	彩蓝				
二组	黄色	红色	漂色	彩蓝				
三组	彩蓝	红色	咖啡	彩蓝				
四组								

设计师：许进磊

款号：Bs119

图案部位：

图案配色及工艺说明：印花（全部胶浆）

A色
一组　　　二组　　　　三组

I&Q FASHION
MAGIC CASTLE FASHION
D色　　　　　　A色 A色
B色
D色　　　　　　　D色
B色　　　　　B色 D色
C色
C色
高35cm按比例
CLASSIC I&Q PARK
"FEATHER LIKE CARE"
C色

原图
MAGIC CASTLE
I&Q KIDS FASHION CLUB

CLASSIC I&Q PARK
"FEATHER LIKE CARE"

尺码：**150#**

比例：

尺寸：

水平：

垂直：35cm按比例

备注：打4个花片批附后花片醇洗

日期：　　　　　　　　　加工厂：

秋冬绣花制单

颜色 组别	A	B	C	D	E	F	G	H
一组	咖啡	米白						
二组	彩蓝	米白						
三组	金黄	米白						
四组								

设计师:许进磊

款号: Bs119

图案部位:

尺码: **150#**

比例:

尺寸:

水平:

垂直: 高25.8cm比例

备注:印完再绣

绣花图案配色及工艺说明:贴布绣 （散口）

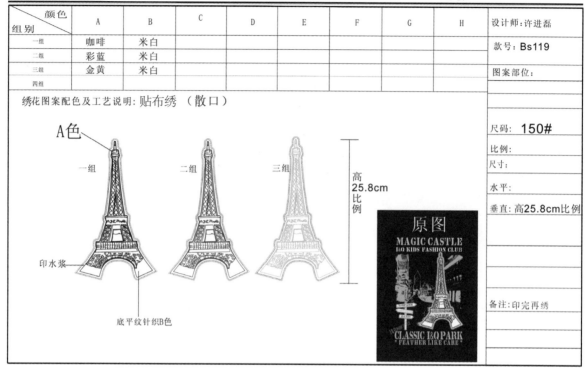

A色

一组　二组　三组

印水浆

底平纹针织B色

高25.8cm比例

原图
MAGIC CASTLE
I&Q KIDS FASHION CLUB
CLASSIC I&Q PARK
" FEATHER LIKE CARE "

日期:　　　　　　　　加工厂:

秋冬头版制单

审核：

款号：Bs121　　品名：**男童秋装毛衫**　　设计师：吴训策　　系列名称：时尚系列秋1波　　尺码：90#-130#（110#）

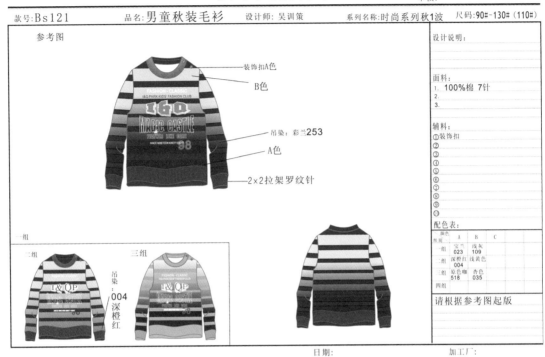

参考图

装饰扣A色
B色
吊染：彩兰253
A色
2×2拉架罗纹针

一组

三组　　　　　三组

吊染：004深橙红

	设计说明：

面料：
1. 100%棉 7针
2.
3.

辅料：
① 装饰扣
②
③
④
⑤
⑥
⑦
⑧

配色表：

颜色 组别	A	B	C
一组	宝兰 023	浅灰 109	
二组	深橙红 004	浅黄色	
三组	原色咖 518	杏色 035	
四组			

请根据参考图起版

日期：　　　　　　　　　　加工厂：

秋冬印花制单

审核：

颜色 组别	A	B	C	D	E	F	G	H
一组	湖兰	漂白	橙色					
二组	褐色	漂白	深橙红					
三组	橙色	漂白	黄色					
四组								

设计师：许进磊

款号：**Bs121**

图案部位：

图案配色及工艺说明：印花
A色（植绒印）
B.C色（胶浆印）

一组　B色 C色 A色
二组　B色 C色 A色
三组　B色 C色 A色

FASHION · CLASSIC
I&Q PARK KIDS FASHION CLUB
160
MAGIC CASTLE
FEATHER LIKE CARE
SINCE NINETEEN NINETY E 98

宽20cm按比例

尺码：**110#**

比例：

尺寸：

水平：**20cm按比例**

垂直：

备注：

日期：　　　　　　　　　　加工厂：

秋冬头版制单

审核：

款号:Bs109	品名:男童正常马甲	设计师:许进磊	系列名称:时尚系列冬1波	尺码:90#-130#（110#）

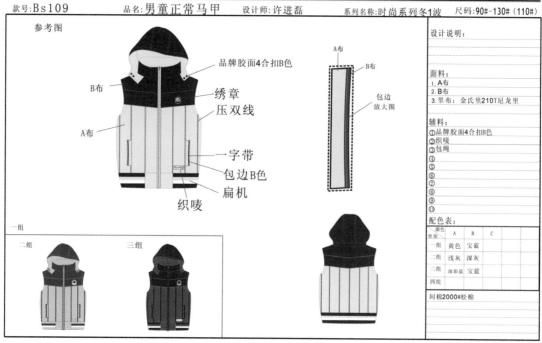

参考图

品牌胶面4合扣B色
B布
绣章
压双线
A布
一字带
包边B色
扁机
织唛

A布
B布
包边放大图

一组
二组
三组

设计说明：

面料：
1. A布
2. B布
3. 里布：金氏里210T尼龙里

辅料：
① 品牌胶面4合扣B色
② 织唛
③ 包绳
④
⑤
⑥
⑦
⑧
⑨
⑩

配色表：

颜色\组别	A	B	C
一组	黄色	宝蓝	
二组	浅灰	深灰	
三组	深彩蓝	宝蓝	
四组			

问棉2000#松棉

日期： 　　　　加工厂：

秋冬绣花制单

审核：

颜色\组别	A	B	C	D	E	F	G	H	
一组	米白	咖啡	黑色	黄色					设计师:许进磊
二组	米白	浅灰	黑色	黄色					款号： Bs109
三组	米白	浅灰	黑色	深彩蓝					图案部位：
四组									

绣花图案配色及工艺说明：绣章

一组　　D色 B色 A色　C色
二组　　B色 A色 D色　C色
三组　　B色 A色 D色　C色

Maritime ★ Campus
I&Q PARK
★ CLASSIC ★
WEAR

高5.5cm按比例

Maritime ★ Campus
I&Q PARK
★ CLASSIC ★
WEAR

尺码：	110#
比例：	
尺寸：	
水平：	
垂直：	

备注：

日期： 　　　　加工厂：

秋冬织唛制单

颜色 组别	A	B	C	D	E	F	G	H	设计师:许进磊
一组	深彩蓝	中灰	白色						款号:**Bs109**
二组	咖啡	中灰	白色						
三组	黄色	中灰	白色						图案部位:
四组									

绣花图案配色及工艺说明:织唛

一组　　　　　　　二组　　　　　　　三组
A色　C色　B色　A色　C色　B色　A色　C色　B色

J&Q PARK　**J&Q PARK**

J&Q PARK

宽 **6.5**cm 按比例

尺码:	110#
比例:	
尺寸:	
水平:	
垂直:	
备注:	

日期:　　　　　　加工厂:

秋冬扁机制单

颜色 组别	A	B	C	D	E	F	G	H	设计师:许进磊
一组	宝蓝	黄色	米白						款号:**Bs109**
二组									
三组									图案部位:
四组									

绣花图案配色及工艺说明:绣章

一组

A色2cm
(对准风衣布色)

B色1.5cm

C色1.5cm

A色8cm
(对准风衣布色)

二组

三组

尺码:	110#
比例:	
尺寸:	
水平:	
垂直:	
备注:	

日期:　　　　　　加工厂:

秋冬头版制单

审核：

| 款号:Bs133 | 品名:男童卫衣外套 | 设计师:吴训策 | 系列名:时尚系列秋一波 | 尺码:90#-130#(110) |

一组

里布
打鸡眼穿帽线
织带做领捆
印花
绣花
2×2拉架罗纹
哈苏线
A布
B布
扁机
C布
5号胶牙拉链不露齿

参考图

二组　三组

设计说明：
1.车缝线跟B布色

面料：
A布:抓毛卫衣
B布:抓毛卫衣(印花)
C布:2×2拉架罗纹(跟A布色)
里布:3cm 剪毛(跟A布色)

辅料：
1.主唛
2.1cm棉织带/同B布色
3.5号胶牙拉链

配色表：

颜色\组别	A	B	C
一组	宝蓝	中灰	
二组	彩蓝	花灰	
三组	花灰	花灰	
四组			

备注：
1.做第2组色
2.不明之处请与设计师沟通

日期：　　　　　　　　　　　　　　　　　加工厂：

秋冬印花稿制单

审核：

颜色\组别	A	B	C	D	E	F	G	H
一组	彩蓝	深灰	漂白					
二组	宝蓝	金黄	深灰					
三组	宝蓝	金黄	深灰					

设计师：吴训策

款号：Bs133

图案位置：前幅

图案配色及工艺说明：

一组　A B C

二组　三组　A B C

A
B
C

A
B
C

尺码：　110#

比例：

尺寸：按比例

水平：55cm

垂直：

备注：

日期：　　　　　　　　　　　　　　　　　加工厂：

秋冬绣花稿制单

组别＼颜色	A	B	C	D	E	F	G	H	
一组	宝蓝	彩蓝	金黄	漂白					设计师：吴训策
二组	宝蓝	彩蓝	金黄	漂白					款号：Bs133
三组	宝蓝	彩蓝	金黄	漂白					

图案配色及工艺说明：

前幅绣章：

一组
二组
三组

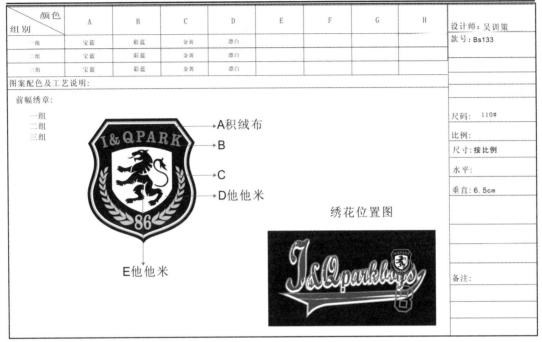

A积绒布
B
C
D他他米

E他他米

绣花位置图

尺码：110#

比例：

尺寸：按比例

水平：

垂直：6.5cm

备注：

日期：　　　　　　　　　　　　　　　　　加工厂：

秋冬印花稿制单

审核：

组别＼颜色	A	B	C	D	E	F	G	H	
一组	漂白	大红	宝蓝						设计师：吴训策
二组	漂白	大红	彩蓝						款号：Bs132
三组	漂白	大红	深灰						图案位置：袖子、帽子

图案配色及工艺说明：

一组　　　　　　　　　二组　　　　　　　　　三组

A B　　C　　　　　　A B　　C　　　　　　A B　　C

尺码：110#

比例：

尺寸：按比例

水平：55cm

垂直：

备注：

日期：　　　　　　　　　　　　　　　　　加工厂：

秋冬头版制单

审核：

款号:Bs103　品名:男童正常款棉衣　设计师:许进磊　系列名称:时尚系列冬1波　尺码:90#-130#（110#）

设计说明：

面料：
1. 风衣布　（名富纺织3MF-06110#）
2. 尼龙里　（金氏里布-210T）
3.

辅料：
① 品牌扣子
② 三合链
③ 胶章
④
⑤
⑥
⑦
⑧
⑨
⑩

配色表：

颜色 组别	A	B	C	D	E
一组	黄色	宝蓝	漂白		
二组	宝蓝	深彩蓝	漂白		
三组	咖啡	彩蓝	漂白		
四组					

间棉2000#松棉
左内侧加内口袋（单唇开袋）

日期：　加工厂：

秋冬绣花制单

审核：

颜色 组别	A	B	C	D	E	F	G	H
一组	宝蓝	米白						
二组	米白	宝蓝						
三组	宝蓝	米白						
四组								

设计师:许进磊

款号：Bs103

图案部位：

绣花图案配色及工艺说明：胶章

B色　A色　　B色　A色

一组、三组 ▷ J&Qpark You're my everything　二组 ▷ J&Qpark You're my everything

尺码：
比例：
尺寸：
水平：
垂直：

高2cm 按比例　J&Qpark You're my everything

1:1

备注：

日期：　加工厂：

208

秋冬印花制单

组别＼颜色	A	B	C	D	E	F	G	H
一组	宝蓝							
二组	米白							
三组	米白							
四组								

设计师：许进磊

款号：Bs103

图案部位：

尺码：

比例：

尺寸：

水平：

垂直：

备注：

印花图案配色及工艺说明 右袖口锈花（挨针）

一组　　　　　　　　　　二组 三组

J&Qpark —— A色　　　*J&Qpark*

J&Qpark

宽5cm 按比例

日期：　　　　　　　　　　　加工厂：

童装大衣

秋冬头版制单

款号：Bs129　　品名：呢料大衣　　设计师：吴训策　　系列名称：时尚系列秋2波　　尺码：90#-130#（110#）

参考图

胶章
铜拉链
C色
A色
B色皮革

扣子

B色 2×2拉架罗纹

一组
二组　　　三组

设计说明：

面料：
1. 友成纺织F86084：1#、2#、5#
2.
3. 3mm超细毛里，永利达纺织

辅料：
① 28#扣子
② 皮革
③ 拉链
④
⑤
⑥
⑦
⑧
⑨
⑩

配色表：

组别＼颜色	A	B	C	D	E
一组	灰杏	咖啡	咖啡		
二组	浅灰	深灰	深灰		
三组	深灰	黑色	深彩蓝		
四组					

左内侧加内口袋（单唇开袋）

日期：　　　　　　　　　　　加工厂：

秋冬绣花制单

颜色\组别	A	B	C	D	E	F	G	H
一组	深彩蓝	灰色	白色					
二组								
三组								
四组								

设计师：

款号：Bs129

图案部位：

绣花图案配色及工艺说明：**帽子胶章**

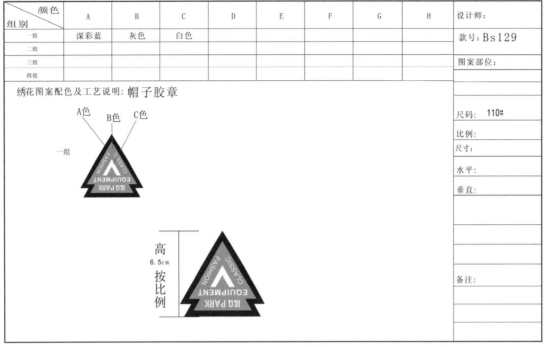

一组

A色　B色　C色

高 6.5cm 按比例

尺码：	110#
比例：	
尺寸：	
水平：	
垂直：	
备注：	

日期：　　　　　加工厂：

秋冬印花制单

审核：

颜色\组别	A	B	C	D	E	F	G	H
一组	咖啡	白色						
二组	宝蓝	白色						
三组	黑色	白色						
四组								

设计师：

款号：Bs129

图案部位：

印花图案配色及工艺说明：口袋皮革印花

一组　*J &Q Park* Fashion Equipment 1998　A B

二组　*J &Q Park* Fashion Equipment 1998

三组　*J &Q Park* Fashion Equipment 1998

J &Q Park Fashion Equipment 1998
宽 3cm 按比例

尺码：	110#
比例：	
尺寸：	
水平：	
垂直：	
备注：	

日期：　　　　　加工厂：

附录B 服装设计师助理培训

服装设计师助理工作职责

1.将新开发的面辅料的资料收集整理及归类

内容包括厂家信息、大货价格、面辅料幅宽和克重，以及同类货品的厂家信息、价位和缩水比例等。

2.采购开发所需要的面辅料

设计主管列出采购清单→申请采购费用→实施采购→将面辅料送回设计室（如果是大宗的面辅料采购，可以向公司申请安排专门的采购人员进行采购）→安排版房做面料的缩水测试和质量初步测试→收集面料缩水数据和质量信息做面辅料资料卡。

3.协助设计师完成初期样衣的工艺质量检测和实验

将样衣从版房完整送到设计部后，凡是有印绣花、吊染、不同面料不同颜色拼接、撞色棉带及针织面料上打撞钉等工艺的，必须认真协助设计师检查工艺是否达到要求。检查要点包括印花是否掉色，拔印是否撕裂布面，发泡胶印花是否出现裂痕，绣花是否因为洗水而烂针孔，拼色是否互相浸染，拼布是否因为缩水而烂针孔，撞色棉带是否掉色，以及针织面料打钉是否牢固。

协助设计师检查样衣是否做完整。检查要点包括扣子是否齐全，设计师要求的工艺是否做齐，以及工艺卡是否写齐全。

4.协助设计主管跟进开发进程

在主管审完设计款式图后，填写设计师出图数量。

每隔3天，统计出设计师的成衣样板数量。

根据设计主管设定的审版时间，及时跟进版房的成衣进度。

5.协助设计师跟进图纸到样板制作的过程

将下发到版房的图纸按设计师进行归类。

初步跟进打版和车版过程。

统计好成衣的版单号、被淘汰样衣的版单号、参加定货会的版单号及投入大货生产的版单号。

6.对新事物的拓展学习

对新型面辅料的拓展学习：每周必须安排一天去面辅料市场。一方面增加对面辅料市场的熟悉程度；另一方面可以去寻找更有创意的资源。

了解新型工艺的运用：发现和学习市场上已经出现的新型工艺，并将资源共享。

将公司现有的资源学习消化后，应该更主动地拓展学习新的知识并且有义务为设计师收集更多新的设计素材。

7.服装设计师助理工作任务分析表

序号	工作项目	工作任务	工作行为	使用频率			难易程度		
				高	中	低	高	中	低
1	接受助理任务	咨询设计师意图	了解助理设计师具体任务及要求	◆			◆		
		接受任务（书面/口头）	采集面料小样	◆					◆
			采集辅料小样	◆					◆
			跟进绣花/印花等工艺	◆					◆
			跟进配色等	◆					◆
2	绘制图稿	服装手稿绘制	手绘或电脑绘制效果图	◆				◆	
			画服装平面结构图	◆				◆	
			手绘或电脑绘制平面结构图和工艺说明细节	◆				◆	
		图案设计稿绘制（绣花/印花）	手绘或电脑设计服装款式的1:1图案稿	◆			◆		
			装饰图案的配色	◆			◆		
			图案材料的选配	◆			◆		
			图案工艺的跟进	◆				◆	
3	相关材料跟进	面料样板跟进	到市场/布行跟进面料样板	◆					◆
		辅料样板跟进	到市场/工厂采购辅料样板跟进（选配、染色等）	◆					◆
4	板衣跟进	工艺、图案装饰跟进	设计和跟进图案装饰图稿	◆				◆	
			图案装饰的配色（绣花、印花洗水等）	◆				◆	
			跟进图案装饰工艺制作	◆				◆	
5	协助补款	补充款式图稿/完善产品结构	协助设计师跟进面料、辅料等		◆			◆	
6	服饰搭配组合	参与服饰的搭配/整理	参与服饰（鞋、帽、包、饰物）的整体搭配		◆		◆		
7	协助产品推广	协助编写产品图文说明	编写产品风格特征、款式特点图文说明			◆	◆		
			特色介绍			◆	◆		
		参与产品静态展示/动态展示	参与策划服装平面展示方案			◆	◆		
			参与策划服装产品订货会展示的方案			◆	◆		

设计开发流程培训

  设计总监制订设计主题，确定开发任务，并做出时间安排→分配工作任务→收集素材→采集面料→画图→设计总监审版→交图进版房→版房主管审版→制作样衣→阶段审版→设计进度登记→制作工艺制单→成本核价→工艺质检→选版试版→整合货品→秀场方案确定→设计制作平面→拍摄制作订货会培训方案→订货品色彩→收尾工作→订货会→会后整理→复查版衣→下单生产→货品完成。

面料基础知识培训

1.织物组织构成

  针织物：由纱线按顺序弯曲成线圈，线圈相互串套而形成织物。纱线形成线圈的过程，可以横向或纵向进行，横向编织称为纬编织物，纵向编织称为经编织物。鉴于针织物的线圈结构特征，单位长度内储纱量较多，因此大多有很好的弹性（这也是针织面料服装样板相对简单并且线迹必须有弹性的根本原因）。

  梭织物：由两条或两组以上的相互垂直的纱线，以90°角做经纬交织而形成织物。纵向的纱线叫经纱，横向的纱线叫纬纱，其基本组织有平纹、斜纹和缎纹。

2.织物组织单元

针织物：线圈是针织物的最小基本单元，是由圈干和延展线组成的呈一定空间的曲线。从厚到薄依次为10支、21支、9支、32支、40支、60支（数字越小，代表面料越厚；数字越大，代表面料越薄）。

梭织物：经纱和纬纱之间的每一个相交点称为组织点，是梭织物的最小基本单元。

3.织物组织特征

针织物：能在各个方向延伸，弹性好，有较好的透气性能，手感松软。

梭织物：梭织物经纱、纬纱延伸与收缩关系不大，织物一般比较紧密、挺硬。

针织物　　　　　　　　　梭织物

4.常用纤维的特征

棉纤维：细而柔软，纤维短并且长短不一。

麻：手感硬爽，呈淡黄色，并且很难区分出单根纤维。

毛：比棉纤维粗而长，长度为60~120mm，手感丰满，富有弹性，纤维卷曲，呈乳白色。

蚕丝：蚕丝质轻而细长，织物光泽好，手感柔软滑爽，吸湿透气，呈淡黄色。

人造丝：有刺眼的光泽，手感柔软，不及蚕丝清爽。

涤纶：滑爽挺括，强度高，弹性好，热塑性好，易洗快干，但存在手感硬，触感差，光泽不柔和，透气性、吸湿性、抗熔性差等缺点。

锦纶：有蜡光，强力大，弹性好，相比涤纶易变形。

5.常用织物的特征

丝织物：绸面明亮、柔和，色泽鲜艳，细薄飘逸。

棉织物：具有天然棉的光泽，柔软但不光滑，坯布布面还有棉籽屑等细小杂质。

毛织物：外观光泽自然，颜色莹润，手感舒适，有弹性，不易折皱，耐磨，抗水性好，但易被虫蛀。

粗纺：呢面丰厚、紧密柔软、弹性好，有膘光。

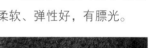

腈纶织物：俗称"人造毛"，其织物具有类似羊毛织物的柔软、蓬松手感，伸缩性好，染色鲜艳，耐光性居各种纤维织物之首。

麻织物：手感粗糙，强度极高，吸湿、导热、透气性很好。

涤纶织物：手感好，弹性好，不易起皱，在阳光下有闪光。

锦纶织物：手感比涤纶柔滑，但比涤纶易起皱。

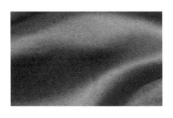

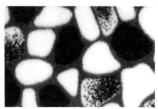

维纶织物：也叫维尼纶，其性能接近棉花，但不及棉织物细柔，色泽不鲜艳，在现有合成纤维中吸湿性最大。

氨纶织物：有极好的伸缩弹性，松弛后又可迅速恢复原状，类似于橡皮筋（橡胶丝），又比橡皮筋优越得多，坚牢度高，强度比橡胶丝高，有柔软、舒适感。有良好的耐化学药品性、耐油性、耐汗水性，不会被蛀、不会发霉，以及长时间阳光照射不变黄等特性，其长丝复丝有多种用途，如可以用于针织品和机织物等。

维纶织物　　　　　　　　　氨纶织物

印花工艺基础知识培训

1.水印和水浆印花

水印和水浆印花是丝网印花行业中最基本的一种印花工艺，这种工艺可以在棉、涤纶和麻等面料上运用，几乎在所有的浅底色面料上都可以运用，应用十分广泛。它的工艺原理近似于染色，不同的是，它能将面料的某一区域"染"成图案所需的颜色，所以这种工艺在深底色面料上无法应用。

优点：应用广泛，印花牢固度高，能用相对低廉的价格印出较好的效果。不会影响面料原有的质感，比较适用于大面积的印花图案。

缺点：水印和水浆印花工艺的局限性是，在所有深底色（如黑色、深蓝色和深紫色等）面料上效果很不明显。

建议：由于水印是在浅底色，尤其是在白色面料上运用，所以应该注意印花图案的颜色是否浸染到面料上。

2.网点印花

网点印花也是水印的一种。可以采用菲林（一种感光片，菲林输出是一个类似照相的曝光过程）制版，通过网点的密、实来达到图案的细腻和层次效果。

优点： 图案效果比较细腻，层次虚实感较为强烈；手感相当柔软；美观并且舒适透气。

缺点： 由于也是水印的一种，所以同样避免不了在深底色面料上运用的局限性。

3.胶浆印花

胶浆印花是应用特殊化学凝胶与染料混合，通过染料、凝胶的介质作用，使印花牢固地附着在面料上的工艺。可以在棉、麻、粘胶、涤纶和锦纶等各种纤维的混纺面料上运用该工艺。

优点： 胶浆印花工艺克服了水浆印花的局限性，适合各种深底色和不同材质的面料。色彩亮丽，有一定的光泽和立体感。

缺点： 由于它有一定的硬度，所以应用于大面积的图案时，容易使衣服局部僵硬，衣服的透气和吸汗作用降低。胶浆印花应用在光滑面料（如风衣料）上，一般色牢度很差，用指甲容易刮掉。

建议： 应用于大面积的图案时应先采用水印或水浆印，然后用胶印来点缀局部；线性的图形、镂空的图形和覆盖面积不强的图形，可以采用胶印。在有光泽的面料上，要想达到胶印的效果，可以选择油墨印花工艺。

4.发泡印花

发泡印花又称立体印花，是在胶浆印花染料中加入几种一定比例的高膨胀的化学物质，印花位置经烘干后用200~300℃的高温起泡，实现类似"浮雕"的立体效果。

优点：印花面突起、膨胀，立体效果很强。

缺点：发泡印花靠高温起泡，在牢度上很难完全控制好，所以要防止花位脱裂和撕裂。

建议：由于发泡印花比较厚重，所以在服装中不宜大面积应用，可以用来做点缀效果，或线性图案和字母。

5.植绒印花

植绒印花是立体印花工艺的一种，其原理是将高强度的树脂黏合剂用包含所需花位的丝网印到面料上，再使纤维绒毛通过数十万伏的高压静电，使绒毛垂直均匀地"粘"到涂了黏合剂的面料上，然后经过高温固定成型。

优点：立体感强，颜色鲜艳，平面手感柔软。如果恰当运用，能够使图案表现出很好的层次效果。

缺点：不宜应用于大面积的图案，透气性一般。如果植绒工艺做得不到位，绒毛容易脱落，粘到服装上。

建议：植绒印花适合做点缀效果，突出图案的层次和手感。为了防止绒毛脱落，大批量生产时需要加强工厂的质量监督。

6.烫金烫银

烫金烫银是在印花浆中加入特殊的化学制剂（现在一般加入铝粉），使花位呈现出特别靓丽的金色或银色。

优点：金属效果光泽好，烫银效果能够达到白银一样的光泽，并且有一定的立体效果。

缺点：有一定的厚度，不太适合大面积应用，多用于局部点缀。金属光泽物是靠制剂黏合上去的，如果工艺做得不到位就会容易掉金银粉末。

建议：为了达到大面积效果，可以采用印金印银工艺，手感比较柔软。

7.拔染印花

拔染印花分为拔白和色拔。拔白是用还原剂（或氧化剂）将原布上花型部位的染料原色破坏，还原布料的本来面目；色拔是在拔白试剂中加入染料，使试剂在破坏面料颜色结构的同时将需要的颜色印上去，达到拔染印花的目的。

优点：拔染印花的花纹更为细致和逼真，轮廓清晰，色彩带有怀旧感觉。因为印花原理是褪色，所以印花手感非常柔软。

缺点：拔印采用酸性染料或中性染料，如果服装洗水把关不牢，就容易遗留刺激性味道；再加上染料对面料有很强的腐蚀性作用，所以图案部位容易出现撕裂现象。

建议：加强印花厂的质量监督，防止货品出现残次；控制好拔印的尺度，大面积图案的拔印必须应用在21支厚度以上的面料上；21~32支厚度的面料尽量用小面积拔印，低于32支的面料禁止用使用大面积拔印。

8.厚板浆印

厚板浆印花有着明显的立体效果,是用胶浆反复地将图案进行操作,一遍又一遍覆盖出一定的厚度。

优点:它能够达到非常整齐的立体效果,并且有一定的光泽感。

缺点:工艺要求比较高,不宜大面积印花。

建议:图案一般采用数字、字母、几何图案、线条等。

  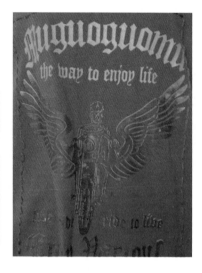

9.油墨印

油墨印也叫热固油墨印花,它采用化学油墨作为印花材料,需要高温烘干以使油墨凝固到织物上。需要制作印刷版,可以采用四色撞网来印刷彩色图案,也可以在深色织物上先印上一层白底后再印刷浅色图案。从外观上看和胶浆印花没有太大区别,但胶浆印花印在光滑的面料上牢度很差,容易被指甲刮掉,而油墨可以弥补这个缺点。

优点:可以印出逼真的效果和鲜艳的颜色。

缺点:同胶浆印花一样手感比较硬,透气性差。不耐洗,图案易脱落(特别是用于化纤类织物时)。

建议:应用于大面积的图案时应先采用水印或水浆印,然后局部用油墨印来点缀。线性的图形和镂空的花形可以采用油墨印。在有光泽的面料上,要想达到胶印的效果,可以选择油墨印花工艺。

洗水基础知识培训

1.普洗

普洗即普通洗涤，是将日常生活中熟悉的洗涤改为机械化。水温为60~90℃，加一定的洗涤剂，经过约15分钟的普通洗涤后，过清水加柔软剂即可。通常根据洗涤时间的长短和化学药品用量的多少，将普洗分为轻普洗、普洗和重普洗。

效果：使织物更柔软、舒适，在视觉上更自然、更干净。

注意事项：如果没有特殊要求，针织面料都为普洗；夏季薄梭织面料都为普洗。

2.酵素洗

酵素洗是指利用酵素这种纤维素酶，在一定pH和温度下，对纤维结构产生降解作用。可以与石头并用或代替石头，与石头并用通常称为酵素石洗或酵磨洗。

效果：使布面较温和地褪色、褪毛（产生"桃皮"效果），以达到持久的柔软效果。

3.酵磨洗

酵磨洗（石洗/石磨）即在洗水中加入一定大小的浮石，使浮石与衣服打磨，打磨缸内的水位以衣物完全浸透的低水位为准，使浮石能很好地与衣物接触；在石磨前可进行普洗或漂洗，也可以在石磨后进行漂洗。根据客户的不同要求，可以采用黄石、白石、AAA石、人造石和胶球等进行洗涤。

效果：洗涤后布面呈现灰蒙、陈旧的感觉，衣物各处有不同程度的破损。

4.砂洗

砂洗多用一些碱性和氧化性助剂，使衣物洗涤后有一定褪色效果及陈旧感，若配以石磨，洗涤后布料表面会产生一层柔和霜白的绒毛。再加入一些柔软剂，可以使洗涤后的织物松软、柔和，从而提高穿着的舒适性。

效果：有褪色及陈旧感的视觉效果，使织物松软、柔和。

5.漂洗

漂洗即在普通洗涤过清水后，加温到60℃，根据漂白颜色的深浅，加适量的漂白剂，在7~10分钟完成。

漂洗可分为氧漂和氯漂。氧漂是利用双氧水在一定pH及温度下的氧化作用来破坏染料结构，从而达到褪色、增白的目的，一般被氯漂的布面会略微泛红；氯漂是利用次氯酸钠的氧化作用来破坏染料结构，从而达到褪色的目的，氯漂的褪色效果粗犷，多用于靛兰色牛仔布的漂洗。

效果：使衣物有洁白或鲜艳的外观，以及柔软的手感。

6.破坏洗

破坏洗是先在砂轮上磨一下，然后再进行石磨洗。洗涤好后有一定的陈旧感，特别适用于袋盖、领边、下摆边和袖口等部位。

效果：在某些部位（骨位、领角等）产生一定程度的破损，有较为明显的残旧效果。

7.雪花洗

雪花洗又叫炒雪花,是将干燥的浮石用试剂浸透,然后在专用转缸内直接与衣物打磨,通过浮石打磨在衣物上,用试剂将摩擦点氧化。

雪花洗的一般工艺过程为:浮石浸泡高锰酸钾→浮石与衣物干磨→雪花效果对板→取出衣物并在洗水缸内用清水洗掉衣物上的石尘→草酸中和→水洗→上柔软剂。

效果:布面呈不规则褪色,形成类似雪花的白点。

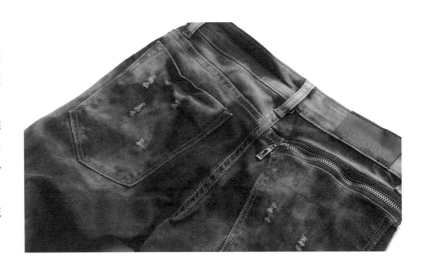

特种工艺基础知识培训

1.吊染工艺

将服装吊挂起来排列在往复架上,在染槽中先后注入液面高度不同的染液,先低后高并分段逐步升高,染液先浓后淡,如此可染得阶梯形染色效果。

优点:服装产生层次、渐变效果,丰富了款式的视觉效果。运用的部位不受限制,主要应用于袖子、领圈和衣身下摆。

缺点:吊染主要应用于成衣,所以风险性比较大。

建议:吊染主要应用于春夏和秋季薄一点的面料上,偶尔用在抓毛、磨毛等稍厚的针织面料中。

2.绣珠片工艺

绣珠片工艺是绣花的一种，通过电脑绣花工艺，将一定尺寸的珠片并列绣到图案部位。

珠片分类：银光类、闪光类和哑光类。

优点： 有较强的光泽感和立体感。

缺点： 因为珠片累积在一起，有一定的厚度，所以不宜应用于大面积的图案。

建议： 珠片装饰适合应用于局部位置，起强烈的点缀作用。图形适合条状和圆点状。

3.喷马骝工艺

用喷枪将高锰酸钾溶液按设计要求喷到服装上，使布料氧化褪色。用高锰酸钾溶液的浓度和喷射量来控制褪色的程度。

优点： 有做旧效果，色彩渐变均匀，层次感较强。

缺点： 成本较高，风险较大。再大订单中单件与单件之间存在差异。